高等学校教材

XIANDAI SHENGWU HUAXUE SHIYAN JIAOCHENG

现代生物化学实验教程

陈传红　黄德娟　主编

化学工业出版社
·北京·

内容简介

本书涵盖了当今生物化学研究中常用的技术与方法，侧重于对学生基本实验方法和技能的训练，并对现代生物化学分析技术如离心分离、电泳、光谱分析、色谱和 PCR 等技术的基本原理进行了简要介绍。全书涵盖了生物化学实验基础知识、现代生物化学实验技术和现代生物化学实验，最后附录中收有缓冲液配制、部分常用生化仪器操作规程与注意事项等内容。现代生物化学实验部分涉及的 55 个实验分属四大类：基础性实验（含 22 个实验）、综合性实验（含 21 个实验）、设计性实验（含 6 个实验）和双语教学选开实验（含 6 个实验）。实现了生物化学实验教材在基础性、综合性、创新设计性以及双语实验教学多方面的全覆盖，同时在综合性实验中包含了 7 个分子生物学实验，突出了分子生物学与生物化学之间的学科交叉性。

本书内容全面，可操作性强，实验重复性好，可作为高等学院校生物科学、生物技术、生物工程以及食品、环境、农学、林学、化学类等专业的生物化学实验教材，也可供相关教师和科研人员参考。

图书在版编目（CIP）数据

现代生物化学实验教程 / 陈传红，黄德娟主编.
—北京：化学工业出版社，2022.5
ISBN 978-7-122-40935-5

Ⅰ. ①现… Ⅱ. ①陈… ②黄… Ⅲ. ①生物化学-化学实验-教材 Ⅳ. ①Q5-33

中国版本图书馆 CIP 数据核字（2022）第 039497 号

责任编辑：傅聪智　王　琰　　装帧设计：王晓宇
责任校对：宋　夏

出版发行：化学工业出版社（北京市东城区青年湖南街 13 号　邮政编码 100011）
印　　装：北京建宏印刷有限公司
710mm×1000mm　1/16　印张 12½　字数 231 千字　2022 年 6 月北京第 1 版第 1 次印刷

购书咨询：010-64518888　　售后服务：010-64518899
网　　址：http://www.cip.com.cn
凡购买本书，如有缺损质量问题，本社销售中心负责调换。

定　　价：39.80 元

编写人员名单

主　　编： 陈传红　黄德娟

编写人员： 陈传红　黄德娟　余志坚　邱峰芳

刘少芳　王　斌　毛碧飞

主　　审： 黄春洪

前言

生物化学是生命科学中一门理论与实践紧密结合的重要基础学科，涉及的学科领域宽泛。生物化学实验原理、方法和技术成为生命科学以及食品、环境、农学、林学、医学、药学和化学等多学科领域揭示生命奥秘的重要研究手段。生物化学实验在培养大学生分析问题、解决问题的能力，促进学生学科素养、严谨求真的科学态度和动手操作能力提升等方面有着极其重要的作用，也为学生今后的专业发展以及生产与科研工作奠定坚实基础，因此生物化学实验教学在高校人才培养中显得极为重要。

随着我国创新创业的进一步推进，加之生物化学实验技术的迅猛发展，对人才培养的质量提出了更高要求。在此背景下我们对生物化学实验教学进行了较大力度的改革，积累了一些教学实践经验，并取得了一定的效果。为此，我们在总结实验教学改革成果的基础上，参考国内外相关实验教材，编写了这本《现代生物化学实验教程》。本书涵盖了当今生物化学研究中常用的技术与方法，侧重于对学生基本实验方法和技能的训练，以培养具有创新意识与创业能力的高素质复合型人才。

全书涵盖了生物化学实验基础知识、现代生物化学实验技术和现代生物化学实验，最后附录中收有缓冲液配制、部分常用生化仪器操作规程与注意事项等内容。现代生物化学实验部分涉及的 55 个实验分属四大类：基础性实验（含 22 个实验）、综合性实验（含 21 个实验）、设计性实验（含 6 个实验）和双语教学选开实验（含 6 个实验）。实现了生物化学实验教材在基础性、综合性、创新设计性以及双语实验教学多方面的全覆盖，同时在综合性实验中包含了 7 个分子生物学实验，突出了分子生物学与生物化学之间的学科交叉性。

本书参加各章节编写的人员有：东华理工大学陈传红教授（第一章第 1 节，第二章第 3～5 节，第三章第 2～6 节、第四章第 1～3 节，附录）、黄德娟教授（第一章第 2 节，第二章第 1、2 节，第三章第 1 节，第四章第 4 节）、余志坚博士（第五章）、邱峰芳博士（第四章第 5 节）、刘少芳博士（附录）、王斌博士（第四章第6节）、毛碧飞博士（第六章）。中国计量大学徐晓辉教授，南昌大学毛慧玲教授，东华理工大学谢宗波教授、金卫根教授、刘成佐副教授，在本书编写过程中提出了很多宝贵意见。全书由南昌大学黄春洪教授审核，陈传红教授统稿。

由于编者水平所限，本书中疏漏、不妥之处在所难免，诚挚欢迎使用本书的同行和读者批评指正。

编　者

2021年10月于南昌

目录

第一章 生物化学实验基础知识

生物化学实验原理、方法和技术是生命科学等诸多学科的重要研究手段，是生物类专业学生必修的重要的实验课程，同时也是食品、环境、农学、林学、医学、药学、化学等学科的专业基础实验课程。它不仅是生物化学与分子生物学教学重要的组成部分，而且在培养学生分析和解决问题的能力、严谨的科学态度和独立工作的能力等方面，有着不可替代的作用。生物化学研究技术的发展与应用是依据物理学、化学及生物学的基本理论和实验方法而建立起来的。掌握生物化学实验方法和研究技术，势必为学生以后的专业课学习以及生产、科研工作打下一个较为牢固的基础。

本门课程主要侧重于给学生以基本的实验方法和技能的训练，让学生了解并掌握分光光度法、色谱技术、离心技术、凯氏定氮技术、聚合酶链式反应的DNA扩增技术、凝胶电泳技术等实验基本原理及实验技能，同时通过开设基础性、综合性、设计性以及双语教学实验项目来逐步提高学生的科学思维和创新能力，以适应目前高等教育面向人才市场的需求。

第一节 生物化学实验技术发展概况

生物化学是生命科学中发展最快、最具活力的一门核心学科与带头学科，是与其他学科广泛交叉与渗透的重要前沿领域。百余年来生物化学实验技术的发展简史回顾如下。

20 世纪 20 年代：微量分析技术导致了维生素、激素和辅酶等的发现。瑞典著名化学家 T. Svedberg 奠基了“超离心技术”，1924 年制成了第一台 5000 *g*（5000～8000 r/min）相对离心力的超离心机（相对离心力“RCF”的单位可表示为“*g*”），开创了生化物质离心分离的先河，并准确测定了血红蛋白等复杂蛋白质的分子量，获得了 1926 年的诺贝尔化学奖。

20 世纪 30 年代：电子显微镜技术打开了微观世界，使我们能够看到细胞内的结构和生物大分子的内部结构。

20 世纪 40 年代：色谱技术大发展。两位英国科学家 Martin 和 Synge 发明了分配色谱，他们获得了 1952 年的诺贝尔化学奖。由此，色谱技术成为分离生化物质的关键技术。

“电泳技术”是由瑞典的著名科学家 Tisellius 所奠基，因此他获得了 1948 年的诺贝尔化学奖。

20 世纪 50 年代：自 1935 年 Schoenheimer 和 Rittenberg 首次将放射性同位素示踪用于碳水化合物及类脂物质的中间代谢的研究以后，“放射性同位素示踪技术”在 50 年代有了大的发展，为各种生物化学代谢过程的阐明起了决定性的作用。

20 世纪 60 年代：各种仪器分析方法用于生物化学研究，如高效液相色谱（HPLC）、红外光谱、紫外光谱、圆二色光谱、核磁共振（NMR）等。1958 年 Stem、Moore 和 Spackman 设计出氨基酸自动分析仪，大大加快了蛋白质的分析工作。1967 年 Edman 和 Begg 制成了多肽氨基酸序列分析仪。1973 年 Moore 和 Stein 设计出氨基酸序列自动测定仪，又大大加快了对多肽一级结构的测定。

1962 年，美国科学家 Watson 和英国科学家 Crick 因为在 1953 年提出 DNA 双螺旋结构模型而与英国科学家 Wilkins 分享了当年的诺贝尔生理学或医学奖，后者通过对 DNA 分子的 X 射线衍射研究证实了 Watson 和 Crick 的 DNA 模型，他们的研究成果开创了生物科学的历史新纪元。在 X 射线衍射技术方面，英国物理学家 Perutz 对血红蛋白的结构进行了 X 射线结构分析，Kendrew 测定了肌红蛋白的结构，成为研究生物大分子空间立体结构的先驱，他们同获 1962 年诺贝尔化学奖。

1968—1972 年，Anfinsen 创建了亲和色谱技术，开辟了色谱技术的新领域。1969 年 Weber 应用 SDS-聚丙烯酰胺凝胶电泳技术测定了蛋白质的分子量，使电泳技术取得了重大进展。

20 世纪 70 年代：基因工程技术取得了突破性的进展。1970 年，Arber、Smith 和 Nathans 三个小组发现并纯化了 DNA 限制性内切酶，使体外克隆基因成为可能。1972 年，美国斯坦福大学的 Berg 等人首次用限制性内切酶切割了 DNA 分子，并实现了 DNA 分子的重组。1973 年，又由美国斯坦福大学的 Cohen 等人第一次完成了 DNA 重组体的转化技术，Cohen 成为基因工程的创始人。1976 年全球第一家生物技术公司（美国的 Genentech 公司）建立。与此同时，各种仪器分析手段进一步发展，制成了 DNA 序列测定仪、DNA 合成仪等。

20 世纪 80 至 90 年代：基因工程技术进入辉煌发展的时期。1980 年，英国剑桥大学的生物化学家 Sanger 和美国哈佛大学的 Gilbert 分别设计出两种测定

DNA 分子内核苷酸序列的方法，而与 Berg 共获诺贝尔化学奖，从此，DNA 序列分析法成为生物化学与分子生物学最重要的研究手段之一。他们三人在 DNA 重组和 RNA 结构研究方面都做出了杰出的贡献。

1981 年，由 Jorgenson 和 Lukacs 首先提出的高效毛细管电泳技术（HPCE），由于其高效、快速、经济，尤其适用于生物大分子的分析，因此受到生命科学、医学和化学等学科的科学工作者的极大重视，是生化实验技术和仪器分析领域的重大突破。

1984 年，德国科学家 Kohler、美国科学家 Milstein 和丹麦科学家 Jerne 由于发展了单克隆抗体技术、完善了极微量蛋白质的检测技术而共享了诺贝尔生理学或医学奖。

1985 年，美国加利福尼亚州 PE-Cetus 公司的人类遗传研究室 Mullis 等发明了 PCR 技术（Polymerase chain reaction，即聚合酶链式反应的 DNA 扩增技术），对于生物化学和分子生物学的研究工作具有划时代的意义，因而与第一个设计基因定点突变的 Smith 共享了 1993 年的诺贝尔化学奖。

2012 年，美国加利福尼亚大学伯克利分校与 Broad 研究所的研究人员发现基因编辑技术的核心分子工具——CRISPER-Cas9，能在生物体的基因组中任何地方对 DNA 进行特定的改变。2013 年，Zhang Feng 首先成功地将 CRISPR-Cas9 用于真核细胞的基因组编辑，Zhang 和他的团队设计了 Cas9 直向同源物，并证明了人和小鼠细胞中的靶向基因组切割。基因编辑技术将为生物化学与分子生物学实验技术应用指明方向。

由此可见，每一种新的大分子物质的发现与研究都离不开实验技术，实验技术每一次新的发明都大大推动了生物化学与分子生物学研究的进展，因而对于每一位生物化学工作者，学习并掌握各种生物化学实验技术非常重要。

第二节 生物化学实验室常识介绍

一、实验室规则

（1）生物化学与分子生物学实验不同于化学和生物学实验，有其独特的实验技能和基本操作。课前必须认真预习，明确实验目的、原理、操作关键步骤及注意事项，写出预习报告。

（2）进实验室要穿好实验服。实验时应本着认真、积极的态度，在教师的指导下完成每次实验。注意观察实验过程中出现的现象和结果，并对实验结果展开讨论，结果不良时，必须重做。

（3）实验中，听从老师指导，严格遵守操作规程，节约药品，试剂用完后应立即盖严，放回原处，并应及时将实验结果和原始数据如实记录在记录本上。

（4）实验后，必须把仪器洗净并放入仪器柜内；清扫实验台面、地面；使用过的试剂瓶要放回原处并摆放整齐。要保持实验室内清洁，不乱丢纸屑及所有固体废弃物。

（5）自觉遵守课堂纪律，不迟到早退；保持室内安静，不高声谈笑。同学间应互助友爱。

（6）爱护实验器材，非本次实验使用的仪器设备未经老师允许不得乱动。本次实验必须使用的仪器设备，在了解仪器性能和操作规程之前，不得随便使用，更不可擅自拆卸或将部件带出室外。仪器使用时如发现设备损坏或运转异常应立即报告老师。玻璃仪器打破后，经指导教师检查后填写破损单，按学校规定赔偿。

（7）实验室内严禁吸烟！对腐蚀性或易燃性试剂，操作时要格外小心。

（8）离开实验室必须关好门窗，切断电源、水源，以确保安全。

（9）每次实验课由学生轮流值日。值日生要负责打扫实验室的卫生，检查水、电，关好门窗，并为下一组同学打好蒸馏水，经老师检查后，方可离开实验室。

二、实验记录与实验报告

1. 实验记录

准确、翔实地做好实验记录是极为重要的，记录如果有误，会使整个实验失败，这也是培养学生实验能力和严谨的科学作风的一个重要方面。

（1）每位同学必须准备一个实验记录本，实验前认真预习实验，看懂实验原理和操作方法，在记录本上写好实验预习报告，包括详细的实验操作步骤（可以用流程图表示）和数据记录表格等。

（2）记录本上要编好页数，不得撕缺和涂改，写错时可以划去重写。不得用铅笔记录，只能用钢笔和圆珠笔。同组的两位同学合作同一实验时，两人必须都有相同、完整的记录。

（3）实验中应及时准确地记录所观察到的现象和测量的数据，条理清楚，字迹端正，切不可潦草以致日后无法辨认。实验记录必须公正客观，不可夹杂主观因素。

（4）实验中要记录的各种数据，都应事先在记录本上设计好各种记录格式和表格，以免实验中由于忙乱而遗漏测量和记录，造成不可挽回的损失。

（5）实验记录要注意有效数字，如吸光度值应为“0.050”，而不能记成“0.05”。每个结果都要尽可能重复观测二次以上，即使观测的数据相同或偏差很大，也都应如实记录，不得涂改。

（6）实验中要详细记录实验条件，如使用的仪器型号、编号、生产厂等；生物材料的来源、形态特征、健康状况、选用的组织及其重量等；试剂的规格、化学式、分子量、试剂的浓度等，都应记录清楚。二人一组的实验，必须每人都做记录。科研型实验还要记录实验的日期、气候、温度等。

2. 实验报告

实验报告是实验的总结和汇报，通过实验报告的写作可以分析总结实验的经验和问题，学会处理各种实验数据的方法，加深对有关生物化学与分子生物学原理和实验技术的理解和掌握，同时也是学习撰写科学研究论文的过程。实验报告的格式一般为：

（1）实验目的；

（2）实验原理；

（3）仪器和试剂；

（4）实验步骤；

（5）数据处理（计算）；

（6）结果讨论。

为了使实验结果能够重复，必须详细记录实验现象的所有细节，例如，若实验中生成沉淀，那么沉淀的真实颜色是什么，是浅蓝色、淡黄色或是其他颜色？沉淀的量是多还是少，是絮状还是颗粒状？实验进行到什么时候形成沉淀，立即生成还是缓慢生成，加热时生成还是冷却时生成？在科学研究中，仔细地观察，特别注意那些未予想到的实验现象是十分重要的，这些观察常常引起意外的发现，报告并注意分析实验中的真实发现，对学生将是非常重要的科学研究训练。

三、实验室安全措施及注意事项

生物化学与分子生物学实验室，经常要与毒性很强、有腐蚀性、易燃烧和具有爆炸性的化学药品直接接触，常常使用易碎的玻璃仪器和瓷质器皿，以及在有使用水、电、煤气、酒精等的环境下进行实验，所以学生一定要注意安全，了解安全知识和防护措施。

1. 实验室安全措施

走进生物化学与分子生物学实验室应首先清楚水阀、电闸等所在处。每次离开实验室前值日生切记：除打扫卫生外，还应该做好一些服务性工作，关水、关电、关煤气、关好门窗等。实验中经常使用的酒精灯，不能用嘴吹灭，要用酒精灯盖盖灭。用火时，做到火在人在，人走火灭。

如果实验中不慎发生火灾，应采取以下措施：①首先切断室内一切火源（包括电源）；②关闭通风橱及通风器；③移走现场一切易燃易爆物品，防止扩大燃烧；若着火面积较小，可用湿布、砂土、铁片等覆盖，隔绝空气灭火；若着火面积较大，应立即报警，拨打“119”。对于烫伤者，一般用90%～95%酒精消毒后，再涂苦味酸软膏或凡士林等，或用 3%～5% $KMnO_4$ 涂擦伤处至棕色。

使用电器（如电炉、烘箱、离心机、恒温水浴、搅拌器、电源插座等）要严防触电。绝对不可用湿手去碰电器开关。检查仪器是否漏电，应用手背轻轻触及仪器表面。凡有漏电仪器，一经发现，立即报告。如若是电线着火：①立即切断电源（拔掉电源闸刀），并用干木棍把电线拨开；②用四氯化碳灭火器灭火（不能用水或泡沫灭火器）；③衣服烧着，切忌奔走，可躺在地上滚动灭火。

生物化学与分子生物学实验常见的易燃易爆物品和强氧化剂的性质特点及安全措施见表 1-1。

表 1-1　生物化学与分子生物学实验常见的易燃易爆物品和强氧化剂性质特点及安全措施

化学性质	化学易燃易爆物品	特点	灭火方法
遇水燃烧的物品	钾、钠、电石、锌粉	与水剧烈反应，并放出可燃气体；钾、钠应保存在煤油里	泡沫灭火，金属钠用砂土灭火
易燃液体	汽油、苯、乙醇、乙醚、丙酮、甲苯、二甲苯、甲醇	单独存放，远离火种	泡沫或砂土灭火，但不能用水灭火
易燃固体	硝化棉、樟脑、硫黄、红磷（着火点低）、镁粉、铝粉	单独存放，通风干燥	泡沫灭火
强氧化剂	氯酸钾、硝酸盐、过氧化物、高锰酸盐、重铬酸盐	不能与还原物质或可燃物放一起，存放阴凉通风处	泡沫灭火

注：1. 易爆物质：三硝基甲苯（TNT）、硝化纤维、苦味酸（三硝基苯酚）。

2. 有毒物质：氰化物、三氧化二砷、砷化物、升汞、汞盐、乙腈、甲醇、氯化氢。

3. 致癌物：石棉、砷化物、铬酸盐、溴乙锭等。

使用酸或碱，不管强和弱，均应小心操作，防止溅到衣服、桌面、皮肤上。如若灼伤了皮肤，无论酸碱：①首先，立即用大量自来水冲洗；②然后，若为酸，用 5%碳酸氢钠或 5%氢氧化铵洗涤；若为碱，用 5%硼酸或 2%乙酸洗涤；若为酚，用酒精洗涤。若是氧化剂灼伤，立即用 20%硫代硫酸钠冲洗，再用大量水冲洗，包上消毒纱布后就医。

眼睛灼伤或掉进异物：眼内若溅入任何化学药品，应立即用大量水冲洗 15 min，不可用稀酸或稀碱冲洗。若有玻璃碎片进入眼内则十分危险，必须十分小心谨慎，不可自取，不可转动眼球，可任其流泪，若碎片不出，则用纱布轻轻包住眼睛急送医院处理。若有木屑、尘粒等异物进入，可由他人翻开眼睑，用消毒棉签轻轻取出或任其流泪，待异物排出后再滴几滴鱼肝油。

受玻璃割伤或其他机械损伤：①首先必须检查伤口内有无残留碎片；②然后用硼酸水洗净，再涂擦碘酒或红汞水；③伤口过大，应迅速按紧主血管以防止大量出血，再送医院处理。如果使用火焰、蒸汽、红热的玻璃和金属时发生烫伤后，立即用大量水冲洗和浸泡，若起水泡不可挑破，包上纱布后就医，轻度烫伤可涂抹鱼肝油和烫伤膏等。

2. 实验室注意事项

实验室中应注意以下事项：①实验室内严禁吸烟；②冰箱内禁止存放可燃固体、液体，易燃物必须单独存放，远离火种（氧化剂）；远离电源开关；③只有远离火源或将火焰熄灭后才可大量倾倒可燃性物体；④低沸点的有机溶剂，禁止在火焰上直接加热，只能利用带回流冷凝管的装置在水浴上加热或蒸馏；⑤不得在烘箱内存放、干燥、烘焙有机物；⑥加热时会发生爆炸的混合物如有机物-氧化铜、浓硫酸-高锰酸钾、三氯甲烷-丙酮等。

易燃物及易燃废液不能倒入下水槽，需回收在大的带塞的瓶内；易爆物质的残渣废液均应收集在指定的容器内，不能随便倒入污物桶和水槽中，以免留下隐患。但处理其他废液时，特别是强酸和强碱废液应先稀释，然后倒入水槽，且要用大量自来水冲洗水槽。有毒物质一般在未经老师允许情况下，禁止擅自拿取，用后更要妥善处理。

实验室应准备一个完备的小药箱，专供急救时使用。药箱内备有：医用酒精、红药水（红汞溶液）、紫药水（甲紫溶液）、止血粉、创可贴、烫伤油膏（或万花油）、鱼肝油、5%碳酸氢钠、5%氢氧化铵、5%硼酸、2%醋酸、20%硫代硫酸钠溶液、医用镊子和剪刀、纱布、药棉、棉签、绷带等。

四、实验室基本操作

（一）常用玻璃仪器的洗涤及使用方法

实验室中所使用的玻璃仪器清洁与否，直接影响实验结果，往往由于仪器的不清洁或被污染而造成较大的实验误差，甚至会出现相反的实验结果。因此，玻璃仪器的洗涤非常重要。

1. 初用玻璃仪器的清洗

新购买的玻璃仪器表面常附着有游离的碱性物质，可先用0.5%的去污剂洗刷，再用自来水洗净，然后浸泡在1%～2%的盐酸溶液中过夜（不可少于4 h），再用自来水冲洗，最后用去离子水冲洗两次，在100～120 ℃烘箱内烘干备用。

2. 一般玻璃仪器的清洗

先用自来水洗刷至无污物，再用合适的毛刷沾去污剂（粉）洗刷，或浸泡在0.5%的清洗剂中超声清洗（比色皿决不可超声），然后用自来水彻底洗净去污剂，用去离子水洗两次，烘干备用（计量仪器不可烘干）。清洗后器皿内外不可挂有水珠，否则应重洗，若重洗后仍挂有水珠，则需用洗液浸泡数小时后（或用去污粉擦洗），重新清洗。

3. 石英和玻璃比色皿的清洗

石英和玻璃比色皿决不可用强碱清洗，因为强碱会浸蚀抛光的比色皿。只能用洗液或 1%～2%的去污剂浸泡，然后用自来水冲洗，这时使用一支绸布包裹的小棒或棉花球棒刷洗，效果会更好，清洗干净的比色皿也应内外壁不挂水珠。

4. 量器的清洗

量器如吸量管、滴定管、量瓶等，使用后：①应立即浸泡于凉水中，勿使物质太过干燥；②工作完毕后，用流水冲洗，以除去附着的试剂、蛋白质等物质；③晾干后浸泡在铬酸洗液中 4～6 h（或过夜）；④再用自来水充分冲洗，最后用蒸馏水冲洗 2～4 次，风干备用。

5. 塑料器皿的清洗

聚乙烯、聚丙烯等制成的塑料器皿，在生物化学实验中已用得越来越多。第一次使用塑料器皿时，可先用 8 mol/L 尿素（用浓盐酸调至 pH = 1）清洗，接着依次用去离子水、1 mol/L KOH 和去离子水清洗，然后用 10^{-3} mol/L EDTA 除去金属离子的污染，最后用去离子水彻底清洗，以后每次使用时，可只用 0.5%去污剂清洗，然后用自来水和去离子水洗净即可。

6. 其他

被病菌及血迹沾污过的容器，应先进行高压消毒后再清洗；二甲苯可洗脱油漆的污垢。

（二）洗液的配制

1. 重铬酸钾洗液常用的两种配制方法

（1）取 100 mL 工业浓硫酸置于烧杯内，小心加热，然后慢慢加入 5 g 重铬酸钾粉末，边加边搅拌，待全部溶解并缓慢冷却后，贮存在磨口玻璃塞的细口瓶内。

（2）称取 5 g 重铬酸钾粉末，置于 250 mL 烧杯中，加 5 mL 水使其溶解，然后慢慢加入 100 mL 浓硫酸，溶液温度将达 80 ℃，待其冷却后贮存于磨口玻璃瓶内。

因铬有致癌作用，因此配制和使用洗液时要极为小心。

2. 其他洗涤液

（1）工业浓盐酸：可洗去水垢或某些无机盐沉淀。

（2）5%草酸溶液：用数滴硫酸酸化，可洗去高锰酸钾的痕迹。

（3）5%～10%磷酸三钠（$Na_3PO_4 \cdot 12H_2O$）溶液：可洗涤油污物。

（4）30%硝酸溶液：洗涤二氧化碳测定仪及微量滴管。

（5）5%～10%乙二胺四乙酸二钠（EDTA-Na_2）溶液：加热煮沸可洗脱玻璃仪器内壁的白色沉淀物。

（6）尿素洗涤液：为蛋白质的良好溶剂，适用于洗涤盛过蛋白质制剂及血样的容器。

（7）有机溶剂：如丙酮、乙醚、乙醇等可用于洗脱油脂、脂溶性染料污痕等，二甲苯可洗脱油漆的污垢。

（8）氢氧化钾的乙醇溶液和含有高锰酸钾的氢氧化钠溶液：这是两种强碱性的洗涤液，对玻璃仪器的侵蚀性很强，可清除容器内壁污垢，洗涤时间不宜过长，使用时应小心谨慎。

（三）玻璃和塑料器皿的干燥

生物化学与分子生物学实验中用到的玻璃和塑料器皿经常需要干燥，通常都是用烘箱或烘干机在 110～120 ℃进行干燥，而不要用丙酮荡洗再吹干的方法来干燥，因为那样会有残留的有机物覆盖在器皿的内表面，从而干扰生物化学反应。硝酸纤维素的塑料离心管加热时会发生爆炸，所以决不能放在烘箱中干燥，只能用冷风吹干。

（四）移液

1．吸量管

（1）吸量管的分类

奥氏吸量管：此类吸管中下部有一呈橄榄型的膨大。每根奥氏吸量管只有一个刻度，适用于量取黏度较大的溶液。规格为 0.5 mL，1 mL，2 mL。此类吸量管不常使用。

移液管：形似奥氏吸量管，中部膨大处呈圆筒状。每根移液管只有一个刻度，规格为 5 mL，10 mL，15 mL，20 mL，25 mL。

刻度吸量管：每根吸量管上有许多等分的刻度，刻度标记有自上而下和自下而上两种，规格为 0.1 mL，0.2 mL，0.5 mL，1 mL，2 mL，5 mL，10 mL 等。刻度吸量管上方印有各种彩环，以示容积区别。红色单环：0.1 mL，5 mL。红色或黄色双环：0.5 mL。黑色单环：0.2 mL，2 mL。黄色单环：1 mL。橘色单环：10 mL。

（2）吸量管的选取原则：在一次完成移液的前提下，应选用容量较小的吸量管，对于同一次实验中同一种试剂的移取，应选用同一支吸量管。

（3）刻度吸量管的操作

① 执管：拇指执吸量管上部，使吸量管保持垂直，食指按管上口调节流速，刻度朝向操作者。

② 取液：把吸量管插入液体，用洗耳球吸取液体至所需量取刻度上方，移开洗耳球，迅速用食指压紧管口，然后抽离液面（必要时用小滤纸片将管尖端外围拭净）。

③ 调准刻度：用食指控制液体至所需刻度（此时液体凹面、视线和刻度应在同一水平线上）。

④ 放液：移开食指，让液体自然流入容器内。此时，管尖应接触容器内壁，但不应插入容器的原有液体中（否则管尖会沾上容器内试剂，再移液时致使试剂交叉污染）。待液体流尽，将最后液滴吹出或转动吸量管使其沿容器内壁流出。

⑤ 洗涤：吸取血浆、尿及黏稠试剂的吸量管，用后应及时用自来水冲洗干净。如果吸取一般试剂的吸量管，可待实验完毕后再洗。

注意：①对于刻度由上至下的吸量管应尽量使用上端刻度。②管尖残液是否需吹，视具体情况而定。一般来说，1 mL 及 1 mL 以下的均需吹出；大于 1 mL 的视标记而行。如吸量管上方标有“吹”，则残液需吹出；标有“快”字，应使残液自然流下。奥氏吸量管均为吹出式。

2. 可调式移液器

（1）移液器有效使用范围　为了确保更好的准确性和精度，建议移液量在吸头的 10%～100%量程范围内，建议适当使用量程范围见表 1-2。

表 1-2　移液器量程与取液有效范围

量程/μL	2.5	10	20	100	200	1000	5000	10000
有效范围/μL	0.1～2.5	0.5～10	2～20	10～100	20～200	100～1000	500～5000	2000～10000

（2）可调式移液器的结构　图 1-1 所示的可调式移液器推动按钮内部的活塞分 2 段行程，第一档为吸液，第二档为放液，手感十分清楚。Research plus 单道移液器是另一款可调式移液器，其结构与使用说明见图 1-2。

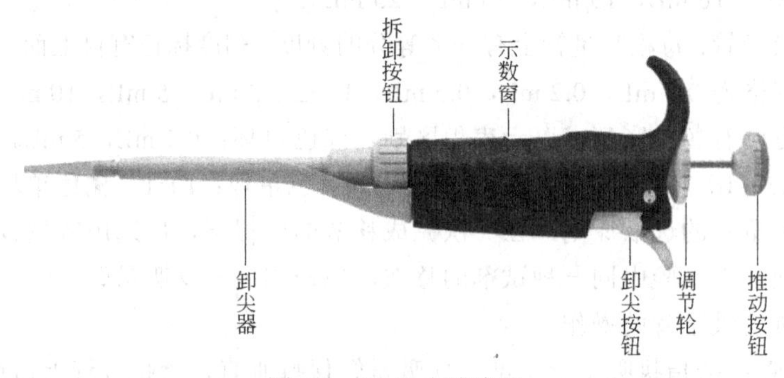

图 1-1　可调式移液器

（3）操作　一个完整的移液循环，包括吸头安装、容量设定、预洗吸头、吸液、放液、卸去吸头六个步骤，每一个步骤都有需要遵循的操作规范如下：

① 吸头安装：正确的安装方法叫旋转安装法，具体的做法是，把白套筒顶端插入吸头（无论是散装吸头还是盒装吸头都一样），在轻轻用力下压的同时，把手中的移液器按逆时针方向旋转 180°。切记用力不能过猛，更不能采取剁吸头的方法来进行安装，因为那样做会对移液器造成不必要的损伤。

② 容量设定：正确的容量设定分为两个步骤：一是粗调，即通过排放按钮将容量值迅速调整至接近自己的预想值；二是细调，当容量值接近自己的预想值

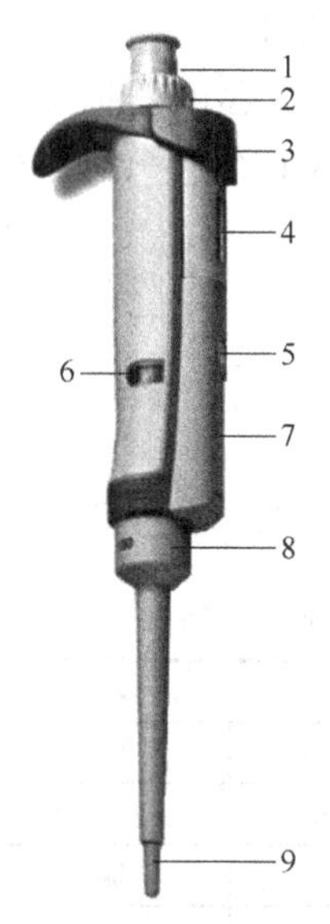

1—控制按钮
控制按钮和适配的吸头的颜色一致。
2—体积调节旋钮(仅限可调式量程移液器)
用于移液器的体积设定。
3—吸头脱卸按钮
用于脱卸移液器的吸头和套筒。
4—体积显示窗口(仅限可调式量程移液器)
从上往下读数，四位数字放大显示。
5—密度调节孔
用于移液器的密度调节，出厂时贴有标签，表明符合出厂设定。
6—密度调节窗口
移液器出厂时，默认设置为“0”。
7—标记区
可用于移液器的标记。移液器序列号位于底部。
8—套筒
下半部分的套筒，用于脱卸吸头。
9—弹性吸嘴
具伸缩性吸嘴，优化了安装和脱卸吸头的用力。

图 1-2　单道移液器结构与使用说明

以后，应将移液器横置，水平放至自己的眼前，通过调节轮慢慢地将容量值调至预想值，从而避免视觉误差所造成的影响，在容量设定时，还有一个需要特别注意的地方。当我们从大值调整到小值时，刚好就行；但从小值调整到大值时，就需要调超三分之一圈后再返回，这是因为计数器里面有一定的空隙，需要弥补。

③ 预洗吸头：在安装了新的吸头或增大了容量值以后，应该把需要转移的液体吸取、排放两到三次，这样做是为了让吸头内壁形成一道同质液膜，确保移液工作的精度和准度，使整个移液过程具有极高的重现性。其次，在吸取有机溶剂或高挥发液体时，挥发性气体会在白套筒室内形成负压，从而产生漏液的情况，这时就需要预洗四到六次，让白套筒室内的气体达到饱和，负压就会自动消失。

④ 吸液：先将移液器排放按钮按至第一停点，再将吸头垂直浸入液面，浸入的深度为：P2、P10 小于或等于 1mm，P20、P100、P200 小于或等于 2mm，P1000 小于或等于 3mm，P5、P10 小于或等于 4mm（浸入过深的话，液压会对吸液的精确度产生一定的影响，当然，具体的浸入深度还应根据盛放液体的容器大小灵活掌握），平稳松开按钮，切记不能过快。

⑤ 放液：放液时，吸头紧贴容器壁，先将排放按钮按至第一停点，略作停顿以后，再按至第二停点，这样做可以确保吸头内无残留液体。如果这样操作还有残留液体存在，就应该考虑更换吸头。

⑥ 卸掉吸头：卸掉的吸头一定不能和新吸头混放，以免产生交叉污染。

（4）维护保养

① 定期清洁移液器，用酒精棉即可，主要擦拭手柄、弹射器及白套筒外部，

既可以保持美观，又降低了对样品产生污染的可能性。

② 在吸取过高挥发、高腐蚀液体后，应将整支移液器拆开，用蒸馏水冲洗活塞杆及白套筒内壁，并在晾干后安装使用。以免挥发性气体长时间吸附于活塞杆表面，对活塞杆产生腐蚀，损坏移液器。

五、试剂的分级和特殊试剂的保存

1. 试剂的分级

试剂根据化学物纯度可分为 4 个等级及生化试剂（表 1-3）。

表 1-3 试剂的分级情况

等级	一级试剂	二级试剂	三级试剂	四级试剂	生化试剂
中文	色谱试剂	分析试剂	化学试剂	化学用	生物试剂
标志	优级纯	分析纯	化学纯	实验试剂	生物试剂
标志颜色	绿	红	蓝	棕	黄
用途	适用于最精确分析及研究工作	适用于精确的微量分析工作，为分析实验室广泛使用	适用于一般的微量分析实验	适用于一般定性检验	根据说明使用
备注	纯度最高，杂质含量最少	纯度较高，杂质含量较少	分析质量低于分析纯	质量较低	

2. 特殊试剂的保存

生物化学实验中一些化学试剂受到外界环境的影响易变质，因此需要采用特定的保存方法。特殊试剂的保存方法与引起变质的原因见表 1-4。

表 1-4 特殊试剂的保存方法及其原因

保存方法	原因	试剂
需要密封保存	易潮解吸湿	CaO、NaOH、KOH、KI、三氯乙酸
	易失水风化	结晶 Na_2SO_4、$FeSO_4$、硫代硫酸钠、含水 Na_2HPO_4
	易挥发	氨水、氯仿、乙醚、碘、甲醛、乙醇、丙酮、麝香草酚
	易吸收 CO_2	KOH、NaOH
	易氧化	$FeSO_4$、醚、醛、酚、抗坏血酸和一切还原剂
	易变质	丙酮酸钠、乙醚和许多生物制品
需要避光保存	见光变色	$AgNO_3$（变黑）、酚（变淡红）、氯仿（产生光气）、茚三酮（变淡红）
	见光分解	H_2O_2、氯仿、漂白粉、氢氰酸
	见光氧化	乙醚、醛、亚铁盐和一切还原剂
特殊方法保管	易爆	苦味酸、硝酸盐类、过氯酸、叠氮化钠
	剧毒	氰化甲（钠）、汞、砷化物、溴
	易燃	乙醚、甲醇、乙醇、丙酮、苯、甲苯、二甲苯、汽油
	易腐蚀	强酸、强碱

第二章 现代生物化学实验技术

第一节 离心分离技术

离心技术在生物科学，特别是在生物化学和分子生物学研究领域，已得到十分广泛的应用，每个生物化学和分子生物学实验室都要装备多种形式的离心机。离心技术主要用于各种生物样品的分离和制备，生物样品悬浮液在高速旋转下，由于巨大的离心力作用，使悬浮的微小颗粒（细胞器、生物大分子的沉淀等）以一定的速度沉降，从而与溶液分离，而沉降速度取决于颗粒的质量、大小和密度。

一、离心力的计算

离心机的加速度通常以重力加速度（$g = 9.80\ \mathrm{m/s^2}$）的倍数来表示，称为相对离心力（RCF 或 g 值）。

$$\mathrm{RCF} = 1.118r(n/1000)^2$$

式中，RCF 为相对离心力，g（$g = 9.80\ \mathrm{m/s^2}$）；r 为离心旋转半径，mm；n 为转速，r/min；1.118、1000 为换算系数。

然而，RCF 值在离心管内并不是处处相等，靠近转子外侧的值最大，靠近中心轴的值最小。应用中习惯上所说的 RCF 值都是指旋转的平均半径。另外，需注意的是 RCF 的值是转速的平方函数，因此速度增加 41%就可以使 RCF 提高 1 倍。

二、沉降速度

沉降速度是指在强大的离心力作用下，单位时间内物质颗粒沿半径方向运动的距离。颗粒沉降速度与以下 3 个因素有关。

（1）颗粒本身的性质：沉降速度和颗粒半径和密度成正比。密度相同时大颗粒比小颗粒沉降快；大小相同时，密度大的颗粒比密度小的颗粒沉降快。

（2）介质的性质：沉降速度与介质的黏度、密度成反比。介质的黏度大、密度大，则颗粒沉降慢。

（3）离心条件：颗粒沉降速度与离心转速和旋转半径 r 成正比。如果其他的条件不变，沉降速度随着 r 的增大而增大。在进行速度区带离心时，r 对沉降速度的这种影响不利于达到满意的分离效果，所以需要在沿半径方向上相应地增加介质的密度和黏度以克服 r 的增加而造成的影响。

三、沉降系数

沉降系数（表 2-1）是指在单位离心场作用下颗粒沉降的速度，以“S”来表示。

$$S = v/(\omega^2 r)$$

式中，S 为沉降系数；v 为颗粒沉降速度，cm/s；ω 为颗粒离心速度，r/min；r 为颗粒离心半径，cm。

当对某些生物大分子和亚细胞器组分的化学结构、分子量还不了解时，可以用沉降系数对它们的物理特性进行初步描述，将其区分开来。如 70S 核蛋白体。沉降系数 S 的值与颗粒的大小、形状、密度及离心所使用的介质的密度和黏度有关，而与转头的速度和类型无关。

因为实际测定沉降系数的条件各不相同，所以必须进行标准化才能准确地描述颗粒特性。颗粒在 20 ℃水中的沉降系数称为沉降常数 $S_{20,w}$，$S_{20,w}$ 的物理单位命名为“Svedberg”，以 S 表示：$1S = 1\times10^{-13}$ s。

表 2-1 细胞及细胞内某些成分的沉降系数和它们的离心条件

名称	沉降系数/S	RCF/g	转速/(r/min)
细胞	$>10^7$	<200	<1500
细胞核	4×10^6～10×10^6	600～800	3000
微粒体	1×10^2～150×10^2	1～10^5	30 000
DNA	10～120	2×10^5	40 000
RNA	4～50	4×10^5	60 000
蛋白质	2～25	$>4\times10^5$	>60 000

根据 Svedberg 公式可以计算出物质的相对分子质量：

$$M_r = \frac{RTS_{20,w}}{D_{20,w}(1-\gamma\rho)}$$

式中，M_r 为相对分子质量；$D_{20,w}$ 为以 200 ℃的水为介质时颗粒的扩散系数；T 为绝对温度；$S_{20,w}$ 为颗粒的沉降系数；R 为摩尔气体常数；ρ 为溶剂密度；γ 为偏比容，等于溶质粒子密度的倒数。由于物质结构的复杂性，求得的相对分子质量往往是近似值。

四、沉降时间

分离某种物质所需的沉降时间常用多次的实验来取得。如果已知该物质的一些物理特性，也能用下式计算出分离该物质的沉降时间：

$$t_{\mathrm{m}} = \frac{1}{S} \cdot \frac{\ln x_2 - \ln x_1}{\omega^2}$$

式中，x_2 表示旋转中心到离心管底内壁的距离；x_1 表示旋转中心到样品溶液弯月面之间的距离；S 为样品沉降系数。

五、离心分离的方法

1. 差速离心沉淀

差速离心沉淀是指分步改变离心速度，用不同强度的离心力使具有不同质量的物质分批沉淀的一种离心分离方法。它适用于沉降速度差别在一到几个数量级的混合样品的分离。

将一混合悬浮液以一定的 RCF 离心一定的时间后，混合物会被分为沉淀和上清液两部分。通过增加 RCF，以固定的离心时间从一种悬浮液中连续分离沉淀的方法被广泛用于从细胞匀浆中分离细胞器。

2. 密度梯度离心法

密度梯度离心法是利用离心管中的液体从管顶到管底密度逐渐增加的特性进行分离的方法。

（1）区带离心法　将样品置于平缓的预制备的密度梯度介质上，进行离心，较大的颗粒将比较小的颗粒更快地沉降，通过不同梯度介质材料（表 2-2）离心后形成几个明显的区带（条带）。这种方法有时间限制，在任一区带到达管底之前必须停止离心。此种方法适用于分离密度相似而大小有别的样品。

表 2-2　梯度介质材料的种类和主要性能

材料名称	相对分子质量	可制备最大密度/(g/mL)	用途
氯化铯	169.4	1.9～1.98	DNA、RNA、核蛋白体
硫酸铯	361.9	1.9～2.01	DNA、RNA
溴化钠	102.91	1.53	脂蛋白分离
碘化钠	149.9	1.9	DNA、RNA
酒石酸钠	235.3	1.49	病毒
蔗糖	342.3	1.35	大多数有机物
甘油	92.09	1.26	膜片段、核片段、蛋白
山梨醇	—	—	病毒、酵母等
重水	20	1.11	肌动蛋白
Ficoll（聚蔗糖）	400 000	1.23	极广泛

续表

材料名称	相对分子质量	可制备最大密度/(g/mL)	用途
右旋糖苷	≤72 000	1.05	微粒体
牛血清蛋白	≤69 000	1.012	整细胞分离
水合氯醛	165.4	1.91	染色体

（2）等密度离心法　指根据颗粒浮力密度的不同来分离物质的离心法。几种物质可通过离心法形成密度梯度（如蔗糖、CsCl、Ficoll、Percoll、Nycodenz）。离心过程中，样品与适当的介质混合后离心，使各种颗粒在与其等密度的介质带处形成沉降区带。这种方法要求介质梯度应有一定的陡度，同时具备足够的离心时间形成梯度颗粒再分配，进一步离心对其不会有影响。使用一根细长的巴氏滴管或带有细长针头的注射器便于收集不同样品到样品管中。此法适用于分离大小相似而密度有别的样品。

3. 分析性离心法

离心除了用于制备溶液外，还可以用于样品的定性、定量分析。可在离心机上装备光学系统，采用特殊的透光离心池，在离心过程中可以直接观察样品颗粒的沉降情况，以对样品进行定性、定量分析。常用的方法有沉降速度法、沉降平衡法及等密度区带离心法。沉降速度法主要是利用界面沉降来测定沉降系数。沉降平衡法常用于测量相对分子质量。等密度区带离心法用于测定样品浮力密度，也可对混合组成样品的不同密度组分进行定性、定量分析，在核酸的分析和研究中被广泛应用。

六、离心机的类型及使用

1. 低速离心机

低速离心机是一种常规仪器，最大速率为3000～6000 r/min，RCF可达到6000 *g*。常用于收集细胞、较大的细胞器（如细胞核、叶绿体）及粗颗粒沉淀（如抗体-抗原复合物）。这类离心机大多有传感器，在转子旋转的过程中检测到任何不平衡时可立即断开电源。但一些老式的机器没有这种装置，在离心过程中一旦发现震动必须立即关闭，以防止损坏转子或伤害操作者。

2. 微量离心机

微量离心机是一种台式仪器，能够迅速加速到12 000 r/min、RCF可达10 000 *g*。它们用于短时间内（一般为0.5～1.5 min）对颗粒沉淀（如细胞、沉淀物）、小体积溶液（小于105 mL）的沉降，尤其适用于从液体培养基中快速分离细胞（如硅酮油微量离心）。

3. 连续流式离心机

用于从细胞的生长培养基中收集大量的细胞。离心过程中，颗粒随着液体流经转子被沉淀下来。

4. 高速离心机

通常为较大的立式仪器，最高的速率可达到 25 000 r/min，RCF 达 60 000 *g*。用于分离微量生物细胞和许多细胞器（如线粒体、溶酶体）以及蛋白质沉淀物。这种离心机有制冷系统用于冷却高速旋转的转子。通常应在有人直接监控下使用。

七、安全措施

由于离心机的高速旋转会产生极大的力，如使用方法不当，可能会造成危险。为安全起见，所有离心机都应有一个装甲保护罩，以避免转子出故障时碎片飞出。离心操作前平衡离心管至关重要，通常是用托盘天平平衡所有样品管，差值控制在 1%以内或更少。把平衡好的试管成对放在相对应的位置上。

第二节 电泳技术

带电粒子在电场中向与自身带相反电荷的电极移动的现象称为电泳（Electrophoresis），电泳是生化实验中最常用、最重要的实验技术之一。利用电泳技术可分离许多生物物质，包括氨基酸、多肽、蛋白质、脂类、核苷、核苷酸及核酸等，并可用于分析物质的纯度和分子量的测定等。

电泳按介质状态来分，有自由电泳和区带电泳两大类。前者以溶液为介质，在溶液中将蛋白质分离开来。两者相比较，自由电泳过程中扩散严重，分辨率有限，而且设备昂贵，操作烦琐，现在已基本上被区带电泳法所取代。所谓区带电泳法，就是在固体支持物上所进行的电泳。20 世纪 50 年代以来，常用的固体支持物有滤纸、醋酸纤维薄膜、淀粉凝胶、琼脂糖凝胶和聚丙烯酰胺凝胶等。区带电泳法分辨率很高，而且设备简单，操作方便，已经是生物化学及分子生物学领域中极为有用的技术。

一、电泳的基本原理

电泳的方式和方法虽然有很多种，但其基本原理是相同的。不同的物质，由于其带电性质、颗粒形状和大小不同，在一定的电场中他们的移动方向和移动速度也不同，因此可使它们分离。颗粒在电场中的移动方向决定于颗粒所带电荷的种类。带正电荷的颗粒向电场的负极移动；带负电荷的颗粒向电场的正极移动；净电荷为零的颗粒在电场中不移动。

（一）泳动度

在电场中，颗粒的移动速度，通常用泳动度（或迁移率）来表示。泳动度是带电颗粒在单位电场强度下的泳动速度。

$$\mu=\frac{V}{E}=\frac{\frac{d}{t}}{\frac{v}{l}}=\frac{dl}{vt}$$

式中　μ——泳动度（即迁移率），$cm^2/(V \cdot s)$；

V——实际电压，V；

E——电场强度，V/cm；

d——颗粒泳动距离，cm；

v——泳动速度，cm/s；

l——支持物有效长度，cm；

t——通电时间，s。

由上式可见，泳动度与颗粒大小和形状、颗粒所带电荷的数量以及介质黏度有关。在一定条件下，任何带电颗粒都具有自己的特定泳动度，它是胶体颗粒的一个物理常数，可用其鉴定蛋白质及其物理性质。

（二）影响电泳速度的外界因素

泳动速度除受其本身性质影响外，还与其他外界因素有关，它们之间的关系可用下式表示：

$$v=\frac{\varepsilon ED}{c\eta}$$

式中　v——泳动速度；

ε——电动电势；

E——电场强度；

D——介质的介电常数；

c——常数，4π～6π；

η——溶液的黏度。

由上式可看出，泳动速度（v）与电动电势（ε）、所加的电场强度（E）及介质的介电常数（D）成正比，与溶液的黏度（η）及常数（c）成反比。c 的数值为4π～6π，由颗粒大小而定。

1. 电场强度（E）

电场强度又称电位，或电势梯度。电场强度对颗粒的运动速度起着十分重要的作用。电场强度越高，带电颗粒泳动速度越快。根据电场电压的高低可将电泳分为常压电泳（100～500 V）和高压电泳（500～10 000 V）。

（1）常压电泳（100～500 V）：其电场强度为2～10 V/cm。分离时间较长，从数小时到数天，适合于分离蛋白质等大分子物质。

（2）高压电泳（500～10 000 V）：其电场强度为20～200 V/cm。电泳时间很短，有时只需几分钟。多用于分离氨基酸、多肽、核苷酸、糖类等小分子物质。

2. 溶液的pH值

溶液的pH值决定了溶液中带电颗粒的解离程度，亦决定了颗粒所带净电荷的多少。对两性电解质而言，pH值离等电点越远，则颗粒所带净电荷越多，泳动速度也越快；反之则慢。当溶液pH值等于溶质的等电点时，净电荷为0，泳动速度亦为0。因此，应选择适当的pH值，并需采用缓冲溶液，使溶液pH值稳定。

3. 溶液的离子强度

溶液的离子强度影响颗粒的电动电势，缓冲液离子强度越高，电动电势越小，则泳动速度越慢；反之，则越快。一般最适合的离子强度为0.02～0.2 kg/mol。若离子强度过高，则会降低颗粒的泳动度。其原因是，带电颗粒能把溶液中与其电荷相反的离子吸引在自己周围形成离子扩散层。这种静电引力作用导致颗粒泳动度降低。若离子强度过低，则缓冲能力差，往往会因溶液pH值变化而影响泳动度。

4. 电渗

电泳所用的支持物都为多孔结构。在水溶液中，这些多孔支持物表面的化学基团因解离而带电。与此表面相接触的水溶液因电感应相吸，也带着被分离物质向同一方向移动。所以，若电渗作用的方向和电泳方向一致，则物质移动的距离实际上等于电泳和电渗距离之差。在实验中，如有必要了解电渗距离，可将不带电的有色染料或有色葡聚糖点在固体支持物的中央，观察电渗的方向和距离。

5. 其他因素

此外，缓冲液的黏度以及温度等也对泳动速度有一定的影响。

二、区带电泳的分类

区带电泳的形式繁多，分类比较困难，仅按某一特点分类似乎不全面。这里基于支持物的物理性状、装置形式、pH值的连续性等不同进行分类。

（1）按支持物的物理性状不同，区带电泳可分为以下几类：

① 滤纸及其他纤维（如醋酸纤维纱、玻璃纤维、聚氯乙烯纤维）薄膜电泳。

② 粉末电泳　如纤维素粉、淀粉、玻璃粉电泳。

③ 凝胶电泳　如琼脂、琼脂糖、硅胶、淀粉胶、聚丙烯酰胺凝胶电泳。

④ 丝线电泳　如尼龙丝、人造丝电泳。

（2）按支持物的装置形式不同，区带电泳可分为以下几种：

① 平板式电泳（Plate electrophoresis） 支持物水平放置，是最常用的电泳方式。

② 垂直板式电泳（Vertical plate electrophoresis） 板状支持物，在电泳时，按垂直方向进行，聚丙烯酰胺凝胶常做成垂直板式电泳。

③ 连续液动电泳（Continuous hydraulic electrophoresis） 首先应用于纸电泳，将滤纸垂直竖立，两边各放一电极，溶液自顶端向下流，与电泳方向垂直，以后有用淀粉、纤维素粉、玻璃粉等代替滤纸分离血清蛋白质，分离量较大。

④ 圆盘电泳（Disc electrophoresis） 电泳支持物灌制在两通的玻璃管中，被分离的物质在其中泳动后，区带呈圆盘状。

如果用石英玻璃制成内径为 25 μm 或 50 μm、长为 50～100 cm 的管，即可用此管进行比较先进的毛细管电泳，若管中注入聚丙烯酰胺凝胶（特殊技术），则也是区带电泳的一种。它集电泳与分析检测系统于一身。因管细、散热快，电压可达 2 万～3 万伏，故具有量微、快速、重复性好、分辨率高及可自动化等优点，但价格很高。

（3）按 pH 的连续性不同，区带电泳可分为连续 pH 电泳和非连续 pH 电泳。

① 连续 pH 电泳 即整个电泳过程中 pH 保持不变，常用的纸电泳、醋酸纤维薄膜电泳等属于此类。

② 非连续 pH 电泳 缓冲液和电泳支持物间有不同的 pH，如聚丙烯酰胺凝胶盘状电泳分离血清蛋白质时常用这种形式，它的优点是易在不同 pH 区之间形成高的电位梯度区，使蛋白质移动加速并压缩为一极狭的区带而达到浓缩的目的。但聚丙烯酰胺凝胶电泳分离核酸则采取连续 pH 电泳。

近年来发明的等电聚焦（Isoelectric focusing）电泳即属于非连续 pH 电泳，它利用人工合成的两性电解质（商品名 Ampholin，一类脂肪族多氨基多羧基化合物）在通电后形成一定的 pH 梯度。被分离的蛋白质停留在各自的等电点而形成分离的区带，电极两端，一端是酸，另一端是碱。

等速电泳（Isotachophoresis），也属于非连续 pH 电泳，它的原理是将分离物质夹在先行离子和随后离子（其迁移率比所有被分离离子的小）之间，通电后被分离物质的区带按迁移率大小依次排列在先行离子和随后离子的区带之间。各分离物质离子分开后形成各自的区带，又以相同的速度移动，所以叫等速电泳。近年发明的塑料细管等速电泳仪，可以进行毫克、微克级物质的分离，该仪器采用数千伏的高电压，几分钟内即完成分离，用自动记录仪进行检测，它的出现是电泳技术的革新。

三、电泳技术的应用

电泳技术主要用于分离各种有机物（如氨基酸、多肽、蛋白质、酶、脂类、核苷、核苷酸、核酸等）和无机盐，也可用于分析某种物质纯度，还可用于分子量的测定。电泳技术与其他分离技术（如色谱法）结合，可用于蛋白质结构的分析。“指纹法”就是电泳法与色谱法的结合产物。通过利用免疫反应与电泳结合，可提高对蛋白质的鉴别能力。电泳与酶学技术的结合发现了同工酶，对于酶的催化和调节功能有了更深入的了解，所以电泳技术是生物化学中的重要研究技术。

下面介绍几个在生化实验工作中常用的电泳技术。

（一）纸电泳

纸电泳是以滤纸为支持物来进行电泳，它常与其他色谱方法配合使用，以提高分析效果，纸电泳一般用于物质分离分析、测定等电点、鉴别颗粒电荷性质和判断样品纯度等方面。

由于纸电泳具有设备简单、成本低以及操作方便等优点，所以目前仍为实验室常用电泳技术之一。然而，纸电泳所用滤纸有较大的吸附力和电渗作用，使样品颗粒泳动易受影响，所以不适用于测定迁移率。

（二）醋酸纤维素膜电泳

醋酸纤维素是 Kohn（1975 年）首先用于区带电泳，它是由高纯度的醋酸纤维素制成的一种细密又薄的微孔膜。醋酸纤维素膜电泳的原理基本上和纸电泳原理相同，但由于作为支持物的醋酸纤维素膜对样品的吸附性较滤纸小得多，因此，少量的样品，甚至大分子物质都能以较高的分辨率分离。又由于醋酸纤维素亲水性较小，故而电渗作用较纸小，并且它所容纳的缓冲液也较少，可以加速样品分离，大大节约电泳时间。

虽然醋酸纤维素膜电泳的分辨能力比聚丙烯酰胺凝胶电泳和淀粉胶电泳等要低，但它具有简单、快速、定量容易等优点，尤其比纸电泳分辨力强、区带清晰、灵敏度高、便于保存和照相等，所以醋酸纤维素膜电泳已取代纸电泳而被广泛应用于科学实验、生化产品分析和临床化验，如血清蛋白、血红蛋白、脂蛋白、同工酶等的分离分析，也用于免疫电泳色谱技术上。

（三）琼脂糖电泳

琼脂糖电泳是一种以琼脂糖凝胶为支持物的凝胶电泳，其分析原理与其他支持物电泳的最主要区别是：它兼有“分子筛”和“电泳”的双重作用。琼脂糖凝胶具有网络结构，直接参与带电颗粒的分离过程，在电泳中，物质分子通过空隙时会受到阻力，大分子物质在泳动时受到的阻力比小分子大，因此在凝胶电泳中，带电颗粒的分离不仅依赖于净电荷的性质和数量，而且还取决于分子大小，这就大大地提高了分辨能力。

琼脂糖凝胶通常制成板状，凝胶浓度以0.8%～1.0%为宜，因为此浓度制成的凝胶富有弹性，坚固而不脆，但是在制备过程中应避免长时间加热。

电泳缓冲液的pH多在6～9之间，离子强度最适为0.02～0.05 mol/L。离子强度过高时，将有大量电流通过凝胶，使凝胶中水分大量蒸发，甚至造成凝胶干裂，电泳中应加以避免。

因为琼脂糖电泳具有较高分辨率、重复性好、区带易染色、洗脱和定量以及干膜可以长期保存等优点，所以常用于大分子物质如蛋白质等的分离分析；与免疫化学反应相结合发展成为免疫电泳技术，用于分离和检测抗原。若对目前常用的琼脂糖进行某些修饰，如引入化学基团羟乙基，则可使琼脂糖在65 ℃左右便能熔化，被称为低熔点琼脂糖。该温度低于DNA的熔点，而且凝胶强度又无明显改变。以此为支持物进行电泳，称为低熔点琼脂糖凝胶电泳，主要用于DNA研究。如在分子生物学实验中，用来回收或制备DNA。常见琼脂糖凝胶浓度与适宜分离的核酸大小见表2-3。

表2-3 琼脂糖凝胶浓度与适宜分离的核酸大小

凝胶浓度/%	核酸分子大小
0.3	5～60 kb
0.6	1～20 kb
0.7	0.8～10 kb
0.9	0.5～7 kb
1.2	0.4～6 kb
1.5	0.2～4 kb
2.0	0.1～3 kb

（四）聚丙烯酰胺凝胶电泳（Polyacrylamide gel electrophoresis，PAGE）

聚丙烯酰胺凝胶是一种人工合成的凝胶，具有机械强度好、弹性大、透明、化学稳定性高、无电渗作用、设备简单、样品量小（1～100 μg）、分辨率高等优点，并可通过控制单体浓度或单体与交联剂的比例聚合成不同大小孔径的凝胶，可用于蛋白质、核酸等分子大小不同的物质的分离、定性和定量分析。还可结合解离剂十二烷基硫酸钠(SDS)，以测定蛋白质亚基分子量。

聚丙烯酰胺凝胶电泳的原理如下：

1. 丙烯酰胺的聚合

聚丙烯酰胺凝胶是由丙烯酰胺(Acr.)与交联剂甲叉双丙烯酰胺(Bis.)在催化剂作用下，经过聚合交联形成的含有亲水性酰胺基侧链的脂肪族长链，相邻的两个链通过甲叉桥交联起来的三维网状结构的凝胶。

2. 聚丙烯酰胺凝胶孔径的大小

决定凝胶孔径大小的主要是凝胶的浓度，例如7.5%的凝胶孔径平均为50 nm，30%的凝胶孔径为20 nm左右。但交联剂对电泳泳动率亦有影响，交联剂质量占总单体质量的百分比愈大，则电泳泳动率愈小。不管交联剂是以何种方式影响电泳的泳动率，总之它是影响凝胶孔径很重要的一个参数，为了使试验的重复性较高，在制备凝胶时对交联剂的浓度、交联剂与丙烯酰胺的比例、催化剂的浓度、聚合所需时间这些影响泳动率的因素都应尽可能保持恒定。

要想将蛋白质或核酸之类的大分子混合物很好地分开，并在胶柱上形成明显的带，凝胶孔径的选择是很关键的。在实际应用中，常按样品的分子量大小来选择适宜的凝胶孔径（表2-4）。

表2-4　聚丙烯酰胺浓度与适宜分离的蛋白质与核酸大小

分离对象	分子量范围	凝胶浓度/%
蛋白质	<10 000	(20，30]
	(10 000，40 000]	(15，20]
	(40 000，100 000]	(10，15]
	(100 000，500 000]	(5，10]
	>500 000	(2，5]
核酸	<10 000	[15，20]
	[10 000，100 000)	[5，10]
	[100 000，2 000 000)	[2，2.6]

3. 缓冲系统

目前常用的分离胶缓冲系统有三大类：高pH（pH 9左右）、低pH（pH 4左右）和中性。选择的pH应使蛋白质分子处于最大电荷状态，使样品中各种蛋白质分子表现出最大差别的泳动率。酸性蛋白质在高pH条件下，碱性蛋白质在低pH条件下常得到较好的解离，电泳分离效果较好。假若还希望蛋白质样品经电泳后保留生物活性，则pH值不应过大或过小，即pH不大于9或不小于4。

在考虑离子种类和离子强度时，原则上只要有导电离子存在的任何溶剂都能用于电泳，但要避免因离子种类和离子强度选择不当使样品中各蛋白质分子之间相互作用而造成人为假象。常选用0.01～0.1 mol/L低离子强度的缓冲液。离子强度低，从而电导低，低电导能产生高电压梯度，电泳分离过程短，产生热量较小，分离效果好。

4. 聚丙烯酰胺凝胶盘状电泳

这里主要简单介绍不连续盘状电泳的基本原理。

不连续盘状电泳有较高的分辨力，这里有三种效应：浓缩效应，在样品胶和浓缩胶中进行（如不用样品胶，则在浓缩胶中进行）；电荷效应和分子筛效应，在分离胶中进行。

（1）浓缩效应　管中置三种不同的凝胶层，即上层为样品胶，第二层为浓缩胶，这两层均为大孔胶、Tris-HCl 缓冲液、pH 6.7，第三层为分离胶，该层为小孔胶、Tris-HCl 缓冲液、pH 8.9。在上下两电泳槽中充以 Tris-甘氨酸缓冲液，pH 8.3。这样造成凝胶孔径、pH、缓冲液的不连续性。在此条件下，HCl 几乎全部电离为 Cl^-，甘氨酸有极少部分的分子解离成 $NH_2CH_2COO^-$，一般酸性蛋白质也能解离而带负电荷。当电泳系统通电后，这三种离子都向正极移动，根据有效泳动率的大小，最快的称为快离子或先行离子（这里是 Cl^-），最慢的称为慢离子或随后离子（这里是 $NH_2CH_2COO^-$）。电泳开始后，快离子在前，在它的后边形成一离子浓度低的区域即低电导区。电导与电压梯度成反比，所以低电导区就有了较高的电压梯度。这种高电压梯度使蛋白质和慢离子在快离子后面加速移动。在快离子和慢离子的移动速度相等的稳定状态建立后，则在快离子和慢离子之间造成一个不断向阳极移动的界面。由于蛋白质的有效泳动率恰好介于快、慢离子之间，因此蛋白质样品被夹在当中浓缩成一狭窄层。这种浓缩效应可使蛋白质浓缩数百倍。

（2）电荷效应　蛋白质样品在界面处被浓缩成一狭窄的高浓度蛋白质区，但由于每种蛋白质分子所载有效电荷不同，因而泳动率也不同，因此各种蛋白质就按泳动率快慢顺序排列成一个一个的圆盘区带。在进入分离胶时，电荷效应仍起作用。

（3）分子筛效应　当被浓缩的蛋白质样品从浓缩胶进入分离胶时，pH 和凝胶孔径突然改变，选择分离胶的 pH 为 8.9（电泳时实际测量是 9.5），使接近甘氨酸的 pK_a 值（9.7～9.8），这样慢离子的解离度增大，因而它的有效泳动率也增加。此时慢离子的有效泳动率超过所有蛋白质的有效泳动率。这样，高电压梯度不存在了，各种蛋白质仅仅由于其分子量或构象的不同，在一个均一的电压梯度和 pH 条件下通过一定孔径的分离胶时所受摩擦力不同、受阻滞的程度不同，表现的泳动率不同而被分开。

5. SDS-聚丙烯酰胺凝胶电泳

十二烷基硫酸钠（SDS）是阴离子型去污剂，当它的浓度在 8×10^{-4} mol/L 以上时，1 g 蛋白质几乎能够恒定地与 1.4 g SDS 结合。如前所述，蛋白质的迁移率同时与其电荷及大小有关，但由于蛋白质分子这时带有足够的负电荷，如果在聚丙烯酰胺凝胶中进行电泳，将由于分子筛效应，它们的迁移率仅取决于分子量的大小，因此 SDS-聚丙烯酰胺凝胶电泳可以按蛋白质分子大小的不同将其分开。

蛋白质与 SDS 的结合，必须在蛋白质充分变性的状态下才能达到饱和，因此，这一过程是在巯基试剂（2-巯基乙醇或二硫苏糖醇）存在时在加热情况下进行的。例如，每克天然牛血清白蛋白或胰核糖核酸酶只能结合 0.9 g SDS，将其中的二硫键还原后，便增加到 1.4 g。糖蛋白中因为糖不能与 SDS 结合，总的结合率降低，迁移率变慢，会使测定的分子量偏高。这时，如果提高聚丙烯酰胺凝胶的浓度，突出其分子筛效应作电泳分析，则分子量可接近于真实分子量。

6．聚丙烯酰胺凝胶等电聚焦电泳

蛋白质分子有一定的等电点，当它处在一个由阳极到阴极 pH 梯度逐渐增加的介质中，并通以直流电时，它便“聚焦”在与其等电点相同的 pH 位置上。等电点不同的蛋白质泳动后形成位置不同的区带而得到分离。这种电泳方法便称为等电聚焦电泳。

这种方法具有很高的分辨率，可以区分等电点只有 0.01 pH 单位差异的蛋白质，根据其所在位置还能够测定蛋白质的分子量。同时，对很稀的样品，最后达到高度的浓缩。所以，等电聚焦电泳也是一种得到广泛应用的方法。

这种方法的发展取决于 pH 梯度形成技术的开发。在电场中能够形成 pH 梯度的物质必须具有以下特性：①有足够的缓冲能力，样品存在时也能保持稳定的 pH 梯度；②有足够的电导能力，以使一定的电流能够通过，同时各处都应有相近的电导系数，避免局部地区过热以及局部地区过大电位差的差异对 pH 梯度的影响；③是小分子的物质，电泳后易于除去；④化学组成与被分离的蛋白质物质不同，不干扰测定；⑤不会使蛋白质变性或与其发生副反应。20 世纪 60 年代初期，Svesson 通过系统研究，确定多电荷的两性电解质满足以上的条件，Vesterberg 则进一步选择脂肪族多氨基多羟基物质作为介质，在电场中获得了理想的平滑 pH 梯度。这种物质的商品名称是 Ampholine，它实际上是一系列不同等电点的脂肪族多氨基多羧基同系物及异构物的混合物。它是由不饱和酸(例如丙烯酸)与多乙烯多胺加成后产生的，反应式概括如下：

$$R^1\overset{\oplus}{N}H_2(CH_2)_2\overset{\oplus}{N}H_2R^2 + CH_2{=}CHCO\overset{\ominus}{O} \rightleftharpoons R^1\overset{\oplus}{N}H_2(CH_2)_2\overset{\oplus}{N}HR^2(CH_2CH_2CO\overset{\ominus}{O})$$

式中，R^1 及 R^2 是氢或者是带有氨基的脂肪基。由于合成物的不同氨基和羧基的比例不同，从而形成连续的等电点。通常的范围在 pH 3～10 之间。

等电聚焦电泳可以在液体介质中进行，适宜作大量制备用，每个区带能够聚焦 20～80 mg 左右的蛋白质。以聚丙烯酰胺凝胶为介质时，设备简单，操作易行，适宜于小量分离及分析。

（五）双向电泳——提高电泳分辨率的方法

1975 年，O’Farrell 发展了双向电泳技术，其第一向采用聚丙烯酰胺凝胶等电聚焦电泳，第二向采用 SDS-聚丙烯酰胺凝胶电泳。由于结合了蛋白质的等电点和分子量两种完全不同的特性来进行分离，因此具有非常高的分辨率。从大肠杆菌溶物中可分析出近 1100 种蛋白质或肽链组分，甚至可以判断出一个基团的变异。双向电泳是鉴别蛋白质一项很有力的手段。

胶板可以用考马斯亮蓝染色，检出的最低限量为每个斑点 0.3～1 μg。也可以用银染法，检出最低量为每个斑点 2～5 ng。银离子能与蛋白质的巯基及羧基等基团作用，经还原后显出黑色斑点。为了进一步提高灵敏度，还可应用放射性氨基酸（如 ^{35}S-甲硫氨酸）作为标记物，使所有的蛋白质斑点都带有放射性标记，在 X 射线底片上曝光后，获得电泳图谱。

第三节 分光光度技术

光谱分析技术是利用物质对光的吸收、发射、散射所产生的光谱来定性与定量分析的技术。其中，分光光度技术是光谱分析技术中的一个分支，它是利用物质对光的吸收作用，即通过分析其吸收光谱来对物质进行定性与定量分析的技术，是光谱分析中常用的一种分析技术。在生物化学实验中应用较多的是紫外-可见分光光度技术，为此本节主要介绍分光光度法原理与方法等内容。

一、溶液的颜色与光吸收的关系

对于溶液来说,溶液显示出的不同颜色，是由于溶液中的分子或原子选择性地吸收某种颜色的光。如果各种颜色的光透过程度相同，这种物质就是无色透明的溶液；若该溶液只让一部分波长的光透过，其他波长的光被吸收，则溶液就显示出透过光的颜色；有颜色的溶液对其互补光有最大吸收。如果将各种波长的单色光依次通过一定浓度的某一溶液，测量该溶液对各种单色光的吸收程度，以波长为横坐标、对应的吸光度为纵坐标绘制曲线，即为该物质溶液的吸收曲线。

分光光度技术是指利用物质对光的吸收作用，对物质进行定性或定量分析的技术。分光光度法是光谱分析技术中常用的一种，应用较多的是紫外-可见光分光光度法。

二、吸光度与透光度

朗伯-比尔（Lambert-Beer）定律是讨论溶液浓度、厚度与光吸收之间关系的基本定律，适用于可见光、紫外光、红外光和均匀非散射的液体。当光线通过均匀、透明的溶液时可出现 3 种情况：一部分光被吸收，一部分光被散射，另有一部分光透过溶液。设入射光强度为 I_0，透过光强度为 I，I 和 I_0 之比称为透光度（Transmittance，T），用 T 表示：

$$T = I/I_0$$

T%为 100%，称 T%为百分透光度。透光度的负对数称为吸光度（absorbance），用 A 表示：

$$A = -\lg T = -\lg(I/I_0) = \lg(I_0/I)$$

三、Lambert-Beer 定律

Lambert-Beer 定律是分光光度分析的理论基础。分光光度分析的定量公式为：

$$A = KLc$$

式中，A 为吸光度；K 为比例常数，又称为吸光系数，L/(g·cm)；L 为液层厚度，称为光径，cm；c 为溶液浓度。当浓度以 g/L 表示时，称 K 为吸光系数［单位为 L/(g·cm)］；当浓度以 mol/L 表示时，称 K 为摩尔吸光系数［单位为 L/(mol·cm)］。

根据 Lambert-Beer 定律，当某一物质的液层厚度为 1 cm，浓度单位为 1 mol/L 时，在特定波长下摩尔吸光系数 K（这里 K 常用 ε 表示）就等于吸光度 A。在固定条件下（入射光波长、温度等），ε 是物质的摩尔吸光系数，特定物质 ε 不变，这是分光光度法对物质进行定性测定的基础。测定已知浓度溶液的吸光度 A，可求得该物质的 ε。

四、偏离 Lambert-Beer 定律的产生因素

按 Lambert-Beer 定律，某一种物质在相同条件下，被测物质的浓度与吸光度成正比，作图应得到一条通过原点的直线，但实际测定中，往往出现偏离直线的现象而引入误差。应用 Lambert-Beer 定律产生误差的主要原因有光学因素和化学因素两方面。

（1）光学因素　Lambert-Beer 定律成立的重要前提是单色光，要求入射光是单色光，但是在实际中，在目前的分光条件下，所使用的单色光并不是严格的单色光，而是包括一定波长范围宽度的谱带，常有其他波长的杂光混入，这是引起误差的主要原因。入射光的谱带越宽，引起的误差越大。

（2）化学因素　pH 值、浓度、溶剂和温度等因素可影响化学平衡，被测物质的浓度因缔合、解离和形成新的化合物等原因，导致溶液或各组分间比例发生变化，从而使吸光度和浓度不成线性关系。

五、可见光及紫外光分光光度法

（1）标准曲线法　将一系列浓度不同的标准溶液按照一定操作过程显色后，分别测吸光度，以浓度为横坐标，对应的吸光度为纵坐标，绘制曲线，该曲线即为标准曲线。在相同条件下处理待测物质并测定其吸光度，即可从标准曲线查出相对应的浓度。制作和应用标准曲线时应注意：①标准品应有高的纯度，标准液的配制应准确；②标本测定的条件应和标准曲线制作时的条件完全一致；③当待测液吸光度超过线性范围时，应将标本稀释后再测定；④测定条件发生变化时（如

更换标准品和试剂等），应重新绘制。

（2）对比法　将标准样品与待测样品在相同条件下操作，并测定相应的吸光度。由于测定体系厚度、温度以及入射光波长一致，所以标准与待测样品 K 值及 L 相等，可应用下式比较计算待测样品浓度：

$$c_u = \frac{A_u}{A_s} \times c_s$$

式中，c_u 为待测样品溶液的浓度；A_u 为待测样品溶液的吸光度；c_s 为标准品溶液的浓度；A_s 为标准品溶液的吸光度。用标准品对比法定量时，待测样品溶液浓度应尽量和标准品溶液的浓度相近。

（3）摩尔吸光系数检测法　Lambert-Beer 定律的数学表达式为

$$A = KLc$$

式中，系数 K 为摩尔吸光系数或吸光系数；L 为液层厚度，即比色杯的厚度；c 为溶液浓度。在实际工作中，不能直接用 1 mol/L 这种高浓度的溶液测定吸光度，而是在稀释成适当浓度时测定吸光度进行运算。

近年来由于新的选择性好、灵敏度高的掩蔽剂和显色剂不断出现，一般不经过分离过程即可直接比色测定；还可采用双波长法、解联立方程等解决定量中的干扰问题。其他定量分析方法有差示分光光度法、多组合混合物的测定等方法。

六、分光光度计

分光光度计的种类和型号很多，但各种类型的分光光度计的结构和原理基本相同。最常用的是可见分光光度计和紫外-可见光分光光度计。一般包括光源、单色器、比色杯、检测器和显示器 5 大组成部分。

（1）光源　可见光分光光度计常用光源是钨灯，能发射出 350～2500 nm 波长范围的连续光谱，适用范围是 360～1000 nm。现在常用光源是卤钨灯，其特点是灯的使用寿命长，发光效率高。紫外光光度计常用氢灯作为光源，其发射波长的范围为 150～400 nm。因为玻璃吸收紫外光而石英不吸收紫外光，所以氢灯灯壳要用石英制作。为了使光源稳定，分光光度计均配有稳压装置。

（2）单色器　将来自光源的复合光分散为单色光的装置称为单色器（或称为光系统）。单色器一般为棱镜、滤光片或光栅。棱镜是用玻璃或石英材料制成的一种分光装置，其原理是利用光从一种介质进入另一介质时，光因波长不同而在棱镜内的传播速度不同，因而其折射率不同而将不同波长的光分开。玻璃棱镜色散能力大，分光性能好，能吸收紫外线而用于可见光分光光度计；石英棱镜可用于可见光和紫外光分光光度计。滤光片能让某一波长的光透过，而其他波长的光被吸收。光栅是分光光度计常用的一种分光装置，其特点是波长范围宽，可用于可见、紫外和近红外光区，而且分光能力强，光谱中各谱线的宽度均匀一致。

（3）比色杯　比色杯又称为比色皿或吸收池。比色杯是用于盛放待比色溶液的一种装置，常用无色透明、耐酸碱、耐腐蚀的玻璃或石英材料制成。石英比色杯用于紫外光区，而玻璃比色杯用于可见光区，比色杯的光径一般为 1 cm。同一台分光光度计上的比色杯，在同一波长和相同溶液下，其透明度应一致，比色杯间的透光度误差应小于 0.5%。

（4）检测器　检测器是将透过溶液的光信号转换为电信号，并将电信号放大的装置。常用的检测器为光电倍增管和光电管。

（5）显示器　显示器是将光电倍增管或光电管放大的电流通过仪表显示出来的装置。常用的显示器有记录器、检流计、微安表和数字显示器。数字显示器可显示 *T*%（百分透光度）、*A*（吸光度或吸光值）、*c*（浓度）。检流计和微安表可显示百分透光度 *T*%和吸光度 *A*。

第四节　色谱技术

色谱（Chromatography）技术，又称层析技术，是近代生物化学最常用的分离方法之一，1903 年由俄国植物学家 Michael Tswett 发现并命名。色谱和层析的原理是一样的，只不过色谱通常是在柱状填料中进行的，而层析则是在薄层介质上进行的，因此层析有时被称为薄层色谱，而色谱则被称为柱层析，现统一称为色谱技术。色谱技术就是利用混合物中各组分的物理化学性质的差别（如吸附力、分子形状和大小、分子极性、分子亲和力、分配系数等），使各组分不同程度地分布在两相中，其中一相是固定的，称固定相，另一相则流过此固定相，称流动相，从而使各组分以不同速度移动而达到分离的目的。

一、色谱技术的基本理论

1941 年，Martin 和 Synge 根据氨基酸在水与氯仿两相中的分配系数不同建立了分配色谱分离技术，同时提出了液-液分配色谱的塔板理论，为各种色谱法建立牢固的理论基础。目前，塔板理论已被广泛地用来阐明各种色谱法的分离机理。它是基于混合物中各组分的性质不同，当这些物质处于互相接触的两相之中时，不同物质在两相中的分布不同从而得到分离。

（一）基本原理

1. 分配平衡

在色谱分析过程中，溶质既进入固定相，又进入流动相，这个过程称作分配过程。不论色谱机理属于哪一类，都存在分配平衡。分配进行的程度，可用分配系数 K 表示，即为溶质在固定相中的浓度与溶质在流动相中的浓度的比值，其表达式为：

$$K = c_s/c_m$$

式中，c_s 表示溶质在固定相中的浓度；c_m 表示溶质在流动相中的浓度。

不同的色谱，K 的含义不同。在吸附色谱中，K 为吸附平衡常数；在分配色谱中，K 为分配系数；在离子交换色谱中，K 为交换常数；在亲和色谱中，K 为亲和常数。

K 值大表示物质在柱中被固定相吸附较牢，在固定相中停留的时间长，流动相迁移的速度慢，出现在洗脱液中较晚。相反，K 值小，溶质出现在洗脱液中较早。因此，混合物中各组分的 K 值相差越大，则各物质能得到更充分的分离。

2. 塔板理论

色谱分离的效果与色谱柱分离效能（柱效）有关。Martin 和 Synge 认为，色谱分离的基本原理是分配原理，与分离塔分离挥发性混合物的原理相仿，故采用“塔板理论”，解释色谱分离的原理。

每个塔板的间隔内，混合物在流动相和固定相中达到平衡，相当于一个分液漏斗。多次平衡相当于一系列分液漏斗的液-液萃取过程。Martin 等把一根色谱柱看成许多塔板。流动相 A 与固定相接触时，两种溶质按各自的分配系数进行分配。假设甲物质的 $K=9$，乙物质的 $K=1$，则溶质甲有 1/10 进入流入相，溶质乙有 9/10 进入流动相，流动相相继往下移动。A 溶解的溶质与没有溶质的固定相第一段相接触，固定相第二段则接触没有溶质的流动相 B，溶质继续在两相中进行分配，如此下移，经过多次分配后混合物最终被分离。

（二）色谱的分类

1. 根据分离的原理不同分类

（1）吸附色谱　用吸附剂为支持物的色谱称为吸附色谱。一种吸附剂对不同物质有不同的吸附能力。于是，在洗脱过程中不同物质在柱上迁移的速度也不同，到最后被完全分离。

（2）分配色谱　它是根据在一个有两相同时存在的溶剂系统中，不同物质的分配系数不同而设计的一种色谱方法。前面提及的 Martin 等人的实验即是一个典型的分配色谱实验，该实验中支持物是硅胶，固定相是水，流动相是氯仿。由于不同的氨基酸在水-氯仿溶剂系统中的分配系数不同，在洗脱过程中，不同的氨基酸在分配色谱柱中迁移的速度也不同，最后达到分离的效果。

（3）离子交换色谱　它的支持物或固定相是一种离子交换剂，离子交换剂上含有许多可解离的基团。离子交换剂所含的可解离基团解离后，留在母体上的为阳离子者称阴离子交换剂，反之为阳离子交换剂。阳离子交换剂可以和溶液中的阳离子进行交换；阴离子交换剂可以和溶液中的阴离子进行交换。一种离子交换剂和溶液中的不同离子的交换能力是不同的。当不同的离子在柱上进行洗脱时，它们各自在柱上移动的速度也不同，最后可以完全分离。

（4）凝胶色谱（凝胶过滤） 是一种用具有一定孔径大小的凝胶颗粒为支持物的色谱方法。分子量大小不同的物质随着洗脱剂流过柱床时，小分子物质易渗入凝胶颗粒内部，流程长，因而迟于大分子物质流出色谱柱，这是一种根据分子量大小不同进行分离的方法。

（5）亲和色谱 这是专门用于分离生物大分子的色谱方法。生物大分子能和它的配体（例如酶和其抑制剂、抗体与其抗原、激素与其受体）特异结合，而在一定的条件下又可解离。分离某种生物大分子物质时，可将其配体通过化学反应接到某种载体上，用这种接上配体的载体支持物装柱，让待分离的混合液通过色谱柱。只有待分离的生物大分子能与这种配体结合而吸附在柱上，其他的物质则随溶液流出。然后，改变洗脱条件进行洗脱。

2. 根据流动相的不同分类

（1）液相色谱 流动相为液体的色谱统称为液相色谱。

（2）气相色谱 流动相为气体的色谱统称为气相色谱。气相色谱因所用的固定相不同又可分为二类：用固体吸附剂为固定相的称为气-固吸附色谱；用液体为固定相的称为气-液分配色谱。气相色谱根据所用的柱管不同又可分为二类：用普通不锈钢或塑料管装柱的称为填充柱气相色谱；将固定相涂在毛细管壁上，在这种毛细管柱上进行的气相色谱称为毛细管气相色谱。

3. 根据支持物的装填方式分类

支持物装在管中成柱形，在柱中进行的色谱统称为柱色谱。支持物铺在玻璃板上成一薄层，在薄层上进行的色谱称为薄层色谱。因所用的支持物不同，在柱或薄层上进行的可以是吸附色谱，也可以是分配色谱和离子交换色谱。

另外，也可以直接用支持物的名称来命名。例如，用纸作支持物的色谱称纸色谱。广义地讲，电泳也是一种色谱，它用电场力作为推动力，有人把电泳称为电色谱。

二、吸附色谱

吸附色谱（又称为吸附层析）是指混合物随流动相通过由吸附剂组成的固定相时，由于吸附剂对不同物质有不同的吸附力而使混合物分离的方法。

吸附色谱是最早期的一种色谱分离技术。1903 年俄国植物学家 Michael Tswett 用菊根粉柱研究植物色素的提取物，以石油醚冲洗，得到分离的黄色、绿色区带，故称为色谱分离法。1931 年又有人用氧化铝柱分离了胡萝卜素的两种同分异构体，显示了吸附色谱具有较高的分辨率，同时吸附色谱操作较简单，不需特殊的实验装置，分离物质的量小至毫克，大到上百克，主要应用于某些分子量不大的物质分离提纯。该法虽然比较古老，但目前仍有其实用意义。特别是一些新的改良吸附剂的出现，再结合快速的分离器和监测器，如高效液相吸附色谱，赋予吸附色谱技术更新的生命力。

（一）基本原理

吸附作用是表面的一个重要性质。任何两个相都可以形成表面，其中一个相的物质或溶解在其中的溶质在另一相表面上的密集现象称为吸附。在固体与气体之间、固体与液体之间、液体与气体之间的表面上，都可以发生吸附现象。凡能够将其他物质聚集到自己表面上的物质，都称为吸附剂；聚集于吸附剂表面的物质就称为吸附物。

分子之所以能在固体表面保留一定时间，是因为固体表面上的分子（离子或原子）和固体内部分子所受的吸引力不相等。在内部的分子，分子之间相互作用的力是对称的，其力场互相抵消；而处于固体表面的分子所受的力是不对称的，向内的一面受到固体内部分子的作用力大，而表面层所受的作用力小，因而气体或液体分子在运动中碰到固体表面时受到这种剩余力的影响，就会被吸引而停留下来。

在不同条件下，吸附剂与吸附物之间的作用，既有物理作用又有化学作用。物理作用又称范德华力吸附，是分子间相互作用的范德华力所引起的。其特点是无选择性，吸附速度快，吸附的过程是可逆的，伴随放出的能量较小，吸附不牢，吸附的分子是单层或多层的。化学吸附主要是由原子价力（化学键）的作用引起的，如电子的转移或分子与表面共用电子对等。其特点是有选择性，吸附速度较慢，不易解吸，放能大，一般吸附的分子是单层的。物理吸附和化学吸附可以同时发生，在一定条件下也可以互相转化。

由于吸附过程是可逆的，因此被吸附物在一定条件下可以被解吸。在单位时间内被吸附于吸附剂的某一表面积上的分子和同一单位时间内离开此表面的分子之间可以建立动态平衡，称为吸附平衡。吸附色谱过程就是不断地产生平衡与不平衡、吸附与解吸的矛盾统一的过程。

吸附剂的吸附能力强弱，除决定于吸附剂及吸附物本身的性质外，还和周围溶液的组成有密切关系。当改变吸附剂周围溶剂成分时，吸附剂的吸附力即可发生变化，往往可使吸附物从吸附剂上解吸下来，这种解吸过程称为洗脱或展层。

吸附色谱就是利用吸附剂这种吸附能力可受溶媒影响而发生改变的性质，当样品中的物质被吸附剂吸附后，用适当的洗脱剂冲洗，改变吸附剂的吸附能力，使被吸附的物质解吸并随洗脱液向前移动。但这些解吸的物质向前移动时，要遇到前面新的吸附剂而被再吸附，它要在后来的洗脱剂冲洗下重新解吸。经过这样反复的吸附-解吸-再吸附-再解吸的过程，各物质就形成了各自的区带，从而达到分离的目的。

（二）常用吸附剂

适用于吸附色谱的吸附剂种类有很多，其中应用最广泛的是氧化铝、硅胶、活性炭等，可根据分离物质的种类与实验要求适当选用。

（三）实验技术

1. 吸附剂的选择及处理

一般来说，所选吸附剂应有较大的比表面积和足够的吸附能力，它对欲分离的不同物质应有不同的吸附能力，即有足够的分辨力；与洗脱剂、溶剂及样品组分不会发生化学反应；还要求所选的吸附剂颗粒均匀，在操作过程中不会破裂。吸附的强弱可概括如下：吸附程度与两相间界面张力的降低成正比，某物质在溶液中被吸附程度与其在溶剂中的溶解度成反比，极性吸附剂易吸附极性物质，非极性吸附剂易吸附非极性物质，同族化合物的吸附程度有一定的变化方向，例如，同系物极性递减，因而被非极性表面吸附的能力将递增。

许多吸附剂一般需筛选较均匀的颗粒（100～200 目），对含有杂质的吸附剂，可用有机溶剂（如甲醇、乙醇、乙酸乙酯等）浸泡处理或提取除去，有些吸附剂可用沸水洗去酸碱使呈中性，有些需经加热处理活化。

2. 溶剂与洗脱剂

溶剂与洗脱剂常为同一组分，但实际用途不同。习惯上把用于溶解样品的溶液称溶剂，把用于洗脱吸附柱的溶液称洗脱剂。原则上所选的溶剂和洗脱剂要求纯度合格，与样品和吸附剂不起化学反应，对样品的溶解度大，黏度小，易流动，易与洗脱的组分分开。常用的溶剂与洗脱剂有饱和碳氢化合物、醇、酚、酮、醚、卤代烷、有机酸等。选择溶剂与洗脱剂时，可根据样品组分的溶解度、吸附剂的性质、溶剂极性等来考虑，极性大的洗脱能力大，因此可先用极性小的作溶剂，使组分易被吸附，然后换用极性大的溶剂作洗脱剂，使组分易从吸附柱中洗出。

3. 吸附柱色谱

吸附色谱通常采用柱型装置，色谱柱一般为玻璃管或有机玻璃管制成，内盛固定相（吸附剂），在玻璃的下端只留一个细的出口，柱的底部要铺垫细孔尼龙网、玻璃棉或其他适当的细孔滤器，使装入柱内的固定相不致流失。管顶可与样品溶液或洗脱液贮瓶连接，下端可用活塞或用胶管连接排出管，并在胶管上装置螺旋夹以控制流速。有条件可附加压或减压装置，使流速保持恒定。柱高与直径比根据实验的要求而定。

装柱的方法通常是将一种溶在适当溶剂中的吸附剂调成糊状，慢慢地倒入关闭了出水口的柱中，同时不断搅拌上层糊状物，赶去气泡，并使装填物均匀地自然下降，装至所需要的高度后打开出水口，让溶剂流出。注意柱的任何部分不能流干，即在柱和表面始终保持着一层溶剂。小心地用移液管把样品液沿柱内壁从顶部小心地加入，不要冲击吸附剂表面。加样时使液体缓慢向下流过色谱柱，溶质即被吸附剂吸附。待样品液全部流入柱内的吸附剂时，加入适当的洗脱液，使被吸附的物质逐步解吸下来，不同的组分即可以不同的速度向下移动，分步收集洗脱液，即可得到各个组分分离的溶液，供进一步处理或测定。

在整个洗脱过程中，要使洗脱液通过柱时保持恒定的流速，可以使用蠕动泵来实现。洗脱过程中柱内不断发生溶解（解吸）、吸附、再溶解、再吸附。被吸附的物质被溶剂解吸，随着溶剂向下移动，遇到新的吸附剂又把该物质从溶剂中吸附出来，后来流下的新溶剂又再使该物质溶解而向下移动。如此反复解吸、吸附，经一段时间后，该物质向下移动到一定距离，此距离的长短与吸附剂对该物质的吸附力及溶剂对该物质的溶解能力有关，分子结构不同的物质溶解度和吸附能力不同，移动距离也不同，吸附较弱的就较易溶解，移动距离较大。经过适当时间后，各物质就形成了各种区带，每一区带可能是一种纯的物质，如果被分离物质是有色的，就可以清楚地看到色层。随着洗脱剂向下移动，最后各组分按吸附力的不同顺序流出色谱柱，以流出体积对浓度作图，可得由一系列峰组成的曲线，每一峰可能是一个组分。如果样品中含组分较多，某些组分吸附力相近，易形成两峰重叠使得界限不清，可采用梯度洗脱法让重叠的色谱峰分开。

4. 薄层吸附色谱

薄层吸附色谱是把吸附剂均匀地在玻璃板上铺成薄层，再把样品点在薄层板上，点样的位置靠近板的一端。然后把板的一端浸入适当的溶剂中，使溶剂在薄层板上扩散，在这过程中通过吸附-解吸-再吸附-再解吸的反复进行，而将样品中各个组分分离开（展层）。薄层色谱的操作简单、灵敏快速、分离效果好，所以应用很广泛，特别适用于分子量小的物质。为了进一步提高色谱的分辨率，还可以使用双向色谱的技术。

薄层色谱的制板方法有多种。最简单的方法是直接将固定相支持物干粉倒在玻板上，然后用两端缠有胶布或漆包线（厚度根据所需薄层厚度而定）的玻棒从板的一端推向另一端，使干粉均匀、平整地铺在板上。也可以先将固定相支持物加适量水或其他液体调成糊状，倒在玻板上，然后用边缘光滑的玻璃片刮平（厚度自行调整），便可以得到均匀的薄层，干燥后即可使用。有时将较稀的细粒糊状物倒在玻板上，小心地把玻板作不同方向的倾斜，使糊状物均匀地漫布在板上，然后平放干燥也可制得适用的薄层板。

应用硅胶制板时，为了使制成的薄层不易松散，常常在硅胶中加入10%左右的煅石膏作为黏合剂（市售的硅胶 G 为已渗入石膏的薄层色谱用硅胶），这样的硅胶必须加水调成糊状铺板，而不能直接用干粉铺板。除煅石膏外，羟甲基纤维素及淀粉也是常用的薄层黏合剂。

薄层色谱的展层要在密闭的色谱缸中进行，展层所需时间因展层的方式（上行、下行等）及板的长度不同而异，可为数分钟到数小时，一般展层剂的前沿走到距薄板边缘 2～3 cm 时停止展层，然后取出记下前沿位置，进行干燥和显色。

三、分配色谱

1. 基本原理

分配色谱是利用混合物中各组分在两相中分配系数不同，使混合物随流动相通过固定相而予以分离的方法。

分配系数是指一种溶质在两种互不相溶的溶剂中溶解达到平衡时，该溶质在两相溶剂中所具浓度的比值。在分配色谱中，固定相是极性溶剂（例如水就是最常用极性溶剂），它需要能和极性溶液紧密结合的多孔材料作为支持物。流动相则是非极性的有机溶剂。分配系数较大的物质，分配在固定相中多而在流动相中少；反之，分配系数较小的物质，分配在固定相中少而在流动相中多。分配系数与温度、溶质和溶剂的性质有关。

分配色谱所用的固定相支持物要选择能够和极性溶剂有较强的亲和力，但对溶质的吸附却很弱的惰性材料，其中应用最广的是滤纸，其次是纤维素粉、淀粉、硅藻土、硅胶等。

2. 纸色谱

（1）纸色谱的基本原理　纸色谱以滤纸作为惰性支持物，滤纸纤维与水有较强的亲和力，约能吸收 20%～22%的水，其中部分水与纤维素羟基以氢键形式存在。而滤纸纤维与有机溶剂的亲和力很小，所以以滤纸的结合水为固定相，以水饱和的有机溶剂为流动相（展开剂）。当流动相沿滤纸经过样品点时，样品点上的溶质在水和有机溶剂之间不断进行分配，各种组分按其分配系数进行不断分配，从而使物质得到分离和纯化。纸色谱装置如图 2-1 所示。

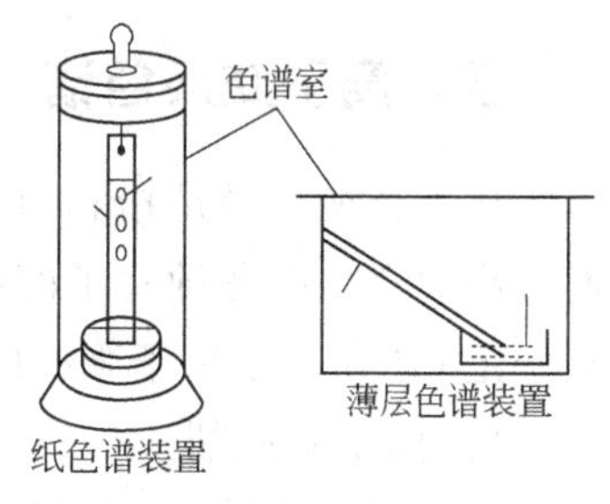

图 2-1　纸色谱装置示意图

（2）R_f 值　溶质在纸上的移动速度可用迁移率 R_f 值表示：

$$R_f = \frac{\text{物质斑点与原点的距离}}{\text{溶剂渗透前沿与原点的距离}}$$

R_f 值主要决定于分配系数，一般分配系数大的组分，因移动速度较慢，所以 R_f 也较小；而分配系数小的组分，R_f 值较大。可以根据同一标准条件下测出的所

分离物质的 R_f 值与标准品的 R_f 值进行对照，来确定该色谱物质。

影响 R_f 值的因素有很多，除被分离组分的化学结构、样品和溶剂的 pH、色谱温度等，外流动相（展开剂）的极性也是一个重要因素，展开剂极性大，则极性大的物质有较大 R_f 值，极性小的物质 R_f 值亦小，反之亦然。常用流动相的极性大小依次排列如下：

水>甲醇>乙醇>丙酮>正丁醇>乙酸乙酯>氯仿>四氯化碳>环己烷

色谱分离时，流动相不应吸取滤纸中的水分，否则会改变分配平衡，影响 R_f 值。所以多数采用水饱和的有机溶剂，如水饱和的正丁醇。被分离物质的不同，选择的流动相也不同。

纸色谱法既可定性又可定量。定量方法一般采用剪洗法和相接比色法两种。剪洗法是将组分在滤纸上显色后，剪下斑点，用适当溶剂洗脱后，用分光光度计法测定。直接比色是用色谱扫描仪直接在滤纸上测定斑点大小和颜色深度，绘出曲线并可自动积分，计算结果。

为了提高分辨率，纸色谱可用两种不同的展开剂进行双向展层，双向纸色谱一般把滤纸裁成长方形或方形，一角点样，先用一种溶剂系统展开，吹干后，转90°，再用第二种溶剂系统进行第二次展开。这样，单向纸色谱难以分离的某些物质（R_f 值很接近），通过双向纸色谱往往可以获得比较理想的分离效果。

（3）反相色谱　在通常的纸色谱中，固定相是含水的，流动相是有机溶剂。但是，有些化合物用有机的固定相和含水的流动相能得到更好的分离。为此，色谱纸先用有机相（一般是液体石蜡）浸润。将滤纸浸泡在含石油醚的液体石蜡溶液中，然后干燥除去石油醚，剩下的便是用石蜡油浸润过的纸。被分离的化合物滴到滤纸上，再用一种含水溶剂采用通常的方法展开。

四、离子交换色谱

离子交换色谱是指利用离子交换剂与各种离子亲和力的不同，经过交换平衡而分离混合物中各种离子的色谱技术。其中，固定相是离子交换剂，流动相是具有一定 pH 和一定离子强度的电解质溶液。

1. 离子交换剂

离子交换剂是由不溶于水、具有网状结构的高分子聚合物（惰性载体）及与其共价结合的带电离子所组成的，这些带电离子主要靠静电引力与溶液中的相反电荷离子（反离子）相结合，这些反离子又可与溶液中带有相同电荷的其他离子进行可逆交换而不改变交换剂本身性质。离子交换剂上共价结合阳离子的称为阴离子交换剂，反之结合阴离子的称为阳离子交换剂。

根据惰性载体的化学本质，离子交换剂可以分为下列三类：

（1）离子交换树脂　常见的是以苯乙烯和二乙烯苯的多聚物（如 Dowex 树脂）为骨架，再引入酸性基团或碱性基团。根据引入物可解离基团的性质又可分为两种。①阴离子交换树脂：可再分为强酸型（磺酸基，$—SO_3H$），中强酸型（含磷酸二氢根离子），弱酸型（羧基，—COOH）。②阳离子交换树脂：均含有氨基，按氨基碱性的强弱可再分为强碱型［季铵基，$—N^+(CH_3)_3$］，弱碱型［叔铵基，$—N(CH_3)_2$；仲氨基，$—NHCH_3$；伯氨基，$—NH_2$］，既含有强碱性基团又含有弱碱性基团即为中强碱型。

（2）离子交换纤维素　这类离子交换剂以纤维素作为载体，主要有 DEAE 纤维素、CM 纤维素和磷酸纤维素。根据它们连接在纤维骨架上的交换基团，可分为阳离子交换纤维素和阴离子交换纤维素两类。阳离子交换纤维素又可分为强酸型、中强酸型、弱酸型三种；阴离子交换纤维素又可分为强碱型、中强碱型、弱碱型三种。根据离子交换纤维素存在的物理状态，又可分为纤维型和微粒型两类。微粒型纤维素颗粒细，溶胀性小，能装成紧密而分离效率高的吸附柱，适用于分析；而纤维较长的纤维型纤维素适用于制备。

（3）离子交换交联葡聚糖　离子交换交联葡聚糖是将离子交换基团连接于交联葡聚糖上制成各种交换剂，由于交联葡聚糖具有三维空间网状结构，因此离子交换交联葡聚糖既有离子交换作用，又有分子筛作用。离子交换交联葡聚糖有很高的电荷密度，故比离子交换纤维素更明显地影响流速，这是它一个缺点。

离子交换纤维素和离子交换交联葡聚糖均为多糖基离子交换剂，特别适用于生物大分子活性物质如蛋白质、核酸及其衍生物的分离。因为这类交换剂的多糖骨架来源于生物材料，具亲水性，对生物活性物质而言是一个十分温和的环境。大分子物质也能自由地进入和迅速地扩散，又有较大的表面，故对生物大分子的吸附容量比离子交换树脂大得多。另外，由于所含的离子交换基团较少，排列疏散，所以对大分子的吸附也不太牢固，用较温和的条件就能将其洗脱下来，这就使生物大分子在吸附和洗脱过程中不致因变性而失活。

2. 基本原理

$$EB^-H^+ + X^+ \longrightarrow EB^-X^+ + H^+$$

$$2EB^-X^+ + Y^{2+} \longrightarrow (EB^-)_2Y^{2+} + 2X^+$$

E 为惰性载体，EB^-为带有阴离子的阳离子交换剂，X^+、Y^{2+}均为阳离子。中性分子和阴离子完全不与此交换剂结合。X^+扩散到交换剂的表面时，其与 EB^-之间的静电引力大于 H^+与 EB^-，X^+与 H^+进行离子交换，H^+扩散到溶液中被洗掉。Y^{2+}与 EB^-之间的亲和力更大，如此 X^+可被依次置换下来。可见，离子交换的能力主要取决于离子的相对浓度和交换剂对离子的相对亲和力。一般来说，带电荷越多，越易交换。

对于具有两性解离性质的蛋白质，其结合强度取决于 pH。在一定限度内升高 pH，可使蛋白质分子带较多的负电荷（因而能与阴离子交换剂较牢固地结合）。反之，则分子带较多的正电荷（因而能与阳离子交换剂较牢固地结合）。在等电点时，分子所带的正负电荷相等，不与离子交换结合。蛋白质的这种两性性质，有利于利用离子交换色谱来提纯分离蛋白质。

大多数离子交换色谱实验分为以下两个主要过程：

（1）上样及吸附 假定在样品中存在几种蛋白质，在该实验条件下，不同蛋白质的带电量及带电性质不同，被交换剂吸附的程度则不同。有些蛋白质完全不被吸附，而和洗液流速完全相同，用一个柱床体积的洗液冲洗，可形成一个穿过峰，与被吸附的其他蛋白质分开。而其他蛋白质则不同程度被吸附在离子交换剂上。

（2）解吸 由于生物分子（如蛋白质）带电性质往往表现出很大的差别，在相同的实验条件下，各种蛋白质吸附的程度也不同，有的被牢固地吸附着，有的被有限吸附。可以通过改变洗脱条件（如 pH 及离子强度），将几种在性质上差别很小（甚至只差一个氨基酸）的蛋白质，一一从交换剂上解吸下来，得到完全的分离。

3. 基本过程

（1）交换剂的处理及转型 首先要将离子交换剂用水浸泡使之充分膨胀，再用酸和碱处理，除去其中不溶性杂质；根据需要选用适当的试剂，使树脂成为所需的型式（称为转型），阳离子交换剂用 HCl 处理转为 H^+型，用 NaOH 处理则为 Na^+型；阴离子交换剂用 HCl 处理转为 Cl^-型，用 NaOH 处理则为 OH^-型。已经用过的离子交换剂，也可用相反处理方法使它恢复原来的离子型，这种处理称为“再生”。

（2）装柱及加样 将处理好的离子交换剂装柱，注意防止出现气泡和分层，装填要均匀。装柱完毕后，用平衡液缓冲到所需的条件，如特定的 pH、离子强度等，再加样。加样量的多少主要取决于待分离组分的浓度及其与交换剂的亲和力，当然也要考虑实验的目的。通常柱上吸附的样品区带要紧密且不超过交换剂总体积（柱床体积）的 10%。

（3）洗脱 首先用平衡缓冲液充分冲洗色谱柱，除去未吸附的物质。然后再应用离子强度或 pH 不同的洗脱缓冲液使交换剂与被吸附离子间的亲和力降低，样品离子中的不同组分便会以不同速度从柱上被洗脱下来，从而达到分离的目的。洗脱方法有两种。一种方法是阶段洗脱，将几种不同离子强度或 pH 洗脱缓冲液依次分别加进去。这种方法简便，但洗脱液离子强度或 pH 的改变是不连续的，样品中的各组分也是阶梯式地分成若干阶段被洗脱下来，分离效果往往不够理想。另一种方法是使洗脱液的离子强度或 pH 呈梯度变化，这种变化是连续的而且还是阶梯式的，分离效果较好，这种洗脱方式称为梯度洗脱。

五、凝胶色谱法

凝胶色谱法是20世纪60年代发展起来的一种快速简便的生物化学分离分析技术。凝胶色谱所用设备简单，操作方便，耗时少，回收率高，条件温和，对高分子物质有很高的分离效果。目前已在生物化学、分子生物学、生物工程学及医药学等领域中得到广泛的应用。如作为分析工具，分离质量相差比较大的混合物；作为脱盐工具，分离大分子溶液中的小分子杂质；用于大分子溶液的浓缩；用于测定大分子物质的分子量等。

凝胶色谱是指混合物随流动相流经固定相（凝胶）的色谱柱时，混合物中各物质因分子大小不同而被分离的技术。固定相（凝胶）是一种不带电荷的、具有三维空间的多孔网状结构的物质。凝胶的每个颗粒的细微结构就如一个筛子，小的分子可以进入凝胶网孔，而大的分子则排阻于凝胶颗粒之外，因而具有分子筛的性质。整个过程和过滤相似，故又名凝胶过滤。

1. 基本原理

当含有大小分子的混合物样品加入色谱柱中时，这些物质随洗脱液的流动而移动。大小分子（指分子量）流速不同，分子量大的物质（阻滞作用小）沿凝胶颗粒间的孔隙随洗脱液移动，流程短，移动速度快，先洗出色谱柱；而分子量小的物质（阻滞作用大）可通过凝胶网孔进入粒子内部，然后再扩散出来，故流程长，移动速度慢，最后流出色谱柱。也就是说，凝胶色谱的基本原理是按溶质分子量的大小，分别先后流出色谱柱，大分子先流出，小分子后流出。当两种以上不同分子量的分子均能进入凝胶粒子内部时，则由于它们被排阻和扩散程度不同，在色谱柱内所经过的时间和路程长短不同，从而得到分离（图2-2）。

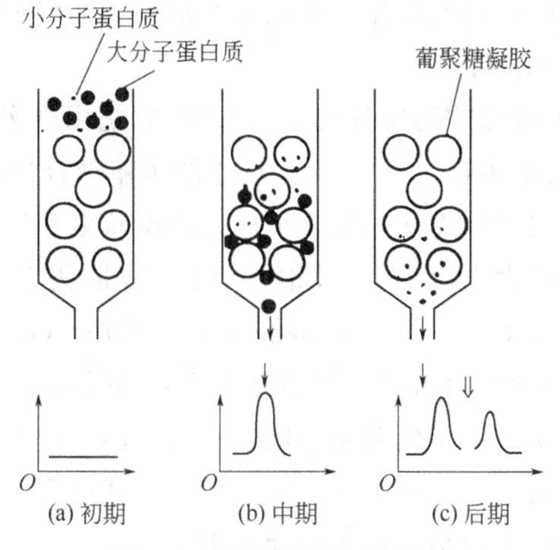

图2-2　凝胶色谱分离过程

色谱柱的总柱床体积（V_t）可分为三个组分，即：

$$V_t = V_o + V_i + V_m$$

式中，V_o 为凝胶颗粒之间液体的体积（即外水体积）；V_i 为凝胶颗粒内所含的液体体积（即内水体积）；V_m 为凝胶颗粒本身的体积。

每个溶质分子在流动相和固定相之间有一个特定的分配系数（称 K_d）。K_d 是凝胶色谱的一个特征常数，即溶质在流动相和固定相之间分配的比例。由此，某溶质的洗脱体积（V_e）为：

$$V_e = V_o + K_d V_i$$

$$K_d = (V_e - V_o)/V_i$$

当 $K_d = 0$ 时，$V_e = V_o$，即溶质分子（高分子）完全不能进入凝胶颗粒内，完全被排阻于凝胶颗粒微孔之外而最先洗脱下来；当 $K_d = 1$ 时，即 $V_e = V_o + V_i$，说明这种溶质分子（小分子）完全向凝胶颗粒内扩散，在洗脱过程中将最后流出柱外；通常 $0 < K_d < 1$，意味着溶质分子以某种程度向凝胶颗粒内扩散，K_d 愈大，进入凝胶颗粒内的程度愈大，在中间情况下，例如 $K_d = 0.5$ 时，其洗脱体积 $V_e = V_o + 0.5\ V_i$。因此 $V_o < V_e \leqslant (V_o + V_i)$，相应为 $0 < K_d \leqslant 1$。实际上，K_d 很难达到大于 0.8～0.9 的情况。

2. 常用凝胶

色谱用凝胶是一些具有立体网状结构和一定网孔直径的天然或人工合成的高分子化合物。如天然物质中的马铃薯淀粉、琼脂糖凝胶等，人工合成产品中的交联葡聚糖、聚丙烯酰胺凝胶等。凝胶应具有下列性质：①是化学惰性物质，即对溶质没有物理或化学的吸附，也不与溶质发生化学反应，不引起酶及蛋白质的变性；②具有稳定的化学结构，可以反复使用；③离子基团储量少，避免离子交换效应；④机械强度高，不易因压力增加而变形；⑤网眼和颗粒大小均匀；⑥不受溶剂系统 pH 和浓度影响。

交联葡聚糖（Dextran）的基本骨架是葡聚糖，它是由许多葡萄糖残基通过 α-1, 6-糖苷键（95%）和 α-1, 3-糖苷键（5%）形成的多糖聚合物，以 3-氯-1, 2-环氧氯丙烷为交联剂，将链状结构连接起来，形成三维网状多孔结构的高分子化合物。交联葡聚糖凝胶的网孔大小，直接与交联度有关。根据交联程度及吸水量的不同，将葡聚糖凝胶分为 8 种型号，即：Sephadex-G10、G15、G25、G50、G75、G100、G150、G200，G 后面的数值可以近似地相应于它的吸水量乘以 10。各种型号的网孔大小是通过调节交联剂和葡萄糖的比例来控制的。交联度愈大，网孔结构愈紧密，它可承受的压力愈大，不因压力而变形；交联度愈小，网孔结构愈疏松，网孔愈大，它承受的压力愈小，易受压而变形。

3．实验技术

（1）凝胶的选择与处理　交联葡聚糖、琼脂糖和聚丙烯酰胺凝胶都是三维空间网状结构的高分子聚合物。混合物的分离程度主要决定于凝胶颗粒内部微孔的孔径和混合物分子量的分布范围。微孔孔径（ρ）的大小与凝胶物质在凝胶相中的浓度（c）的平方根成反比，而与凝胶聚合物分子平均直径（d）成正比。和凝胶孔径大小有直接关系的是凝胶的交联度，凝胶的交联度越高，孔径越小。交联度决定了被排阻物质分子量的下限，移动缓慢的小分子物质，在低交联度的凝胶上不易分离，大分子物质同小分子物质的分离宜用高交联的凝胶。

凝胶的颗粒粗细与分离效果有直接关系，颗粒细的分离效果好，但流速慢；而粗粒子流速过快，会使区带扩散，使洗脱峰变平变宽。因此，要根据实验需要，适当选择颗粒大小及调整流速。为使凝胶颗粒均匀，并除去影响流速的过细颗粒，一般采用自然沉降，再用倾倒法除去悬浮的过细凝胶颗粒。

交联葡聚糖和聚丙烯酰胺凝胶通常为干燥的颗粒，使用前必须充分溶胀，水洗过程在室温下缓慢进行，可用沸水浴方法加速溶胀平衡。在装柱前，凝胶的溶胀必须彻底，否则由于后续溶胀过程，会逐渐降低流速，影响色谱的均一性，甚至会使色谱柱胀裂。

（2）柱的选择及装填　色谱柱一般用玻璃管或有机玻璃管制成，管底部放置玻璃纤维或砂芯滤板，柱顶部连接一个长颈漏斗，直径约为柱径的一半，漏斗中安装搅拌器。然后在玻璃柱和漏斗中加满水或洗脱剂，在搅拌下缓缓加入凝胶悬浮液，控制适当流速。此时柱体必须保持垂直，凝胶上端必须保持水平，流速不可太快。色谱分离效果和装填的色谱床是否均匀有很大关系，因此使用前必须检查装柱的质量，最简单的方法是用肉眼观察，柱内凝胶必须均匀，柱内不得有气泡和“纹路”。或者将一种有色物质的溶液流过色谱柱床，如色带狭窄，均匀平整，说明装柱质量良好。

（3）加样及洗脱　当色谱柱平衡后，吸去上层液体，待平衡液流至床表面以下 1～2 mm 时，关闭出口，以最小体积样品用滴管慢慢加入，打开出口，调整流速，使样品慢慢渗入色谱床内，当样品加完、流到快干时，小心加入洗脱液洗脱。所加样品的体积越小，分离效果越好。通常加样量为床体积的 1%～5%。

非水溶性物质的洗脱采用有机溶剂，水溶性物质的洗脱一般采用水或具有不同离子强度和 pH 的缓冲液。洗脱液 pH 对分离物质洗脱的影响与被分离物质的酸碱度有关，酸性时，碱性物质易于洗脱；碱性时，酸性物质易于洗脱。多糖类物质的洗脱以水为最佳。有时为了使样品溶解度增加而使用含盐洗脱剂，盐类的另一个作用是抑制交联葡聚糖和琼脂糖凝胶的吸附。

由于混合物中各物质的分子大小和形状不同，在洗柱过程中，分子量最大的物质因不能进入凝胶网孔而沿凝胶颗粒间的空隙最先流出柱外；分子量最小的物质因能进入凝胶网孔而受阻滞，流速缓慢，因此最后流出柱外。

（4）凝胶柱的保养　交联葡聚糖和琼脂糖都是多糖类物质，极易染菌，由微生物分泌的酶能水解多糖的糖苷键；聚丙烯酰胺凝胶虽不是微生物的生长介质，但其溶胀的悬浮液也常因染菌而改变特性。为了抑制微生物的生长，磷酸离子和所有底物必须在凝胶保存之前完全除去，将柱真空保存或低温保存，但温度不可过低，介质的离子强度要高一些，以防冻结。常用方法是在凝胶中加入一些抑菌剂。

（5）凝胶的再生和干燥　交联葡聚糖凝胶柱可用 0.2 mol/L NaOH 和 0.5 mol/L NaCl 的混合液处理，聚丙烯酰胺凝胶和琼脂糖凝胶常用 0.5 mol/L NaOH 处理。经常使用凝胶以湿态保存为主，只要在其中加入适当的抑菌剂就可放置几个月到一年，不需要干燥（尤其是琼脂糖凝胶，干燥操作比较麻烦，干燥后又不易溶胀，一般都以湿法保存）。如需进行干燥时应先将凝胶按一般再生处理，彻底进行浮选，除去碎颗粒，以大量水洗涤除去杂质，然后用逐步提高乙醇浓度的方法使之脱水收缩。

六、亲和色谱

1. 基本原理

生物体中许多高分子化合物具有和某些相对应的专一分子可逆结合的特性，例如酶蛋白和辅酶、抗原和抗体、激素及其受体、核糖核酸与其互补的脱氧核糖核酸体系等。生物分子间的这种结合能力称为亲和力。亲和色谱就是利用生物分子间专一的亲和吸附原理而设计的色谱技术。当流动相流经固定相，双方即亲和为一整体，然后利用亲和吸附剂的可逆性质，将它们解离，从而达到分离提纯的目的。

亲和色谱的基本过程如下：先选择欲分离物质的亲和对象，将其作为配基，在不损害生物功能的条件下与水不溶性载体结合，使之固定化，并装入色谱柱中作为固定相；然后把含有欲分离物质的混合液作为流动相，在有利于配基固定相和欲分离物质之间形成复合物的条件下进入色谱柱。这时，混合物中只有能与配基形成专一亲和力的物质分子被吸附，不能吸附的杂质则直接流出。改变洗涤液，促使配基与其亲和物解离，从而释放出亲和物，分步收集后测纯度。

亲和色谱的优点是：条件温和，操作简单，效率高，对分离含量极少而又不稳定的活性物质最有效。粗提液经亲和色谱一步就能提纯几百至几千倍。例如分离胰岛素受体时，把胰岛素作为配基，偶联于琼脂糖载体上，经亲和色谱，从肝细胞抽提液中纯化 5000 倍。

亲和色谱的局限性在于不是任何生物大分子都有特定的配基，针对某一分离对象需要制备专一的配基和选择特定的色谱条件。

由于琼脂糖这一理想载体的出现以及固定化技术的改进，使亲和色谱技术得到越来越广泛的应用，发展十分迅速，并有了作为亲和色谱载体的商品供应。亲和色谱技术已成为生物化学中分离提纯生物活性物质的重要方法之一。

2. 载体的选择

亲和色谱的理想载体应具备下列特性：①不溶性；②渗透性；③疏松网状结构，允许大分子自由通过；④高硬度及适当的颗粒形式（最好为均一的珠状）；⑤最低的吸附力；⑥较好的化学稳定性；⑦抗微生物和酶的侵蚀；⑧亲水性；⑨大量的化学基团可供活化，能与大量配基共价连接。

亲和色谱所用的固相载体和凝胶色谱所用的凝胶基本相同，所以用于凝胶色谱的琼脂糖凝胶、葡聚糖凝胶及聚丙烯酰胺等都可应用，此外还可以运用纤维素或多孔玻璃微球等，其中以琼脂糖凝胶用得最为广泛。

琼脂糖是由琼脂分离制备的链状多糖，它的结构单元是D-半乳糖和3, 6-脱水-L-半乳糖。琼脂糖凝胶属于大网孔型凝胶，通常使用的琼脂糖凝胶有三种浓度，即2%、4%、6%，其相应的商品名为Sepharose 2B、4B、6B，其中以Sepharose 4B使用得最为广泛。琼脂糖凝胶具有一系列适合于亲和色谱的优良特性：①物理和化学性质稳定；②琼脂糖凝胶颗粒具有良好的惰性，不带电荷，不会发生离子交换反应，对生物大分子的物理吸附也很小；③琼脂糖凝胶亲水结构疏松，生物大分子可以自由进入凝胶颗粒和配体充分接触；④用溴化氰活化的琼脂糖可以在温和的条件下偶联较多的配体，制得的亲和吸附剂的吸量大。

当然，一般的琼脂糖凝胶也有它的缺点。由于琼脂糖凝胶是一种热可逆凝胶，凝胶受热即失去稳定性，最后溶解。因此，凝胶必须保存在低温下，但不能冻结，因为冻结也会破坏凝胶结构。故使用温度为0～40 ℃。此外，凝胶不能加热消毒，宜湿态储存。

3. 配体与载体的偶联

为了使以上载体能与配基结合，通常要先将载体用适当的化学方法处理，这称为活化。

对于多糖类载体，最常用的是溴化氰活化法，其可使多糖上的部分羟基变成活泼的基团，进一步可与蛋白质或其他具有氨基的化合物迅速结合，形成稳定的共价结合物。这种偶联反应分两步进行：①在较低的温度和一定的pH条件下，用溴化氰活化多糖载体；②在较低的温度和一定的pH条件下，让活化的多糖载体与配体进行偶联反应。

由于溴化氰有毒，故活化琼脂糖时，所有操作都必须在通风橱中进行。以Sepharose 4B为例，先取一定容积的Sepharose 4B与等体积水混合，放入pH计的电极，以便持续检测悬液pH的变化。加入适量溴化氰（50～300 mg/mL凝胶），用NaOH调节pH保持在11左右。由于这是一个放热反应，故须用冰浴控制温度在 20 ℃左右。当质子不再产生，悬液 pH 不再下降，活化反应即告完成，一般需要 10～15 min。此时加入大量冰块，使反应物冷却到 4 ℃，将已活化的琼脂糖悬液减压抽滤后，加入配体，此时载体活化产生的亚氨基与配体上的游离氨基共价结合。

4.“手臂”

用小分子化合物作配体进行将亲和色谱时，往往发现原来亲和力很强的配体偶联到载体上之后，便失去了它原来的专一亲和力。这是由于载体的空间位阻使大分子化合物（亲和物）不能直接接触到配体，因而无法进行专一性的结合。解决的办法是在载体和配体之间引入适当长度的“手臂”来减少载体的空间位阻，增加配体的活动度。亲和色谱中使用较广泛的“手臂”是脂肪族碳氢化合物。

5. 操作步骤

亲和色谱一般采用柱色谱，柱装好后要选用合适的缓冲液平衡柱。平衡缓冲液的组成、pH 和离子强度应选择亲和物双方作用最强、最有利于形成复合物的条件。一般用接近中性 pH 为亲和吸附条件。样品上柱之前最好先用上述缓冲液充分透析。为了有利于复合物的形成，亲和吸附可在 4 ℃下进行，以防止生物大分子的失活，上柱流速应尽可能慢。

样品通过亲和柱后，用大量平衡缓冲液洗去杂质，也常用不同的缓冲液洗涤，进一步除去非专一吸附的杂蛋白，尽可能使亲和柱上只留下专一吸附的亲和物。然后再用洗脱液洗脱亲和物。洗脱液所选的条件正好与吸附条件相反，应能减弱配体与亲和物之间的亲和力，使络合物完全解离。

洗脱结束后，亲和柱必须彻底洗涤，先用洗脱剂除去残留的亲和物，再用平衡缓冲液充分平衡亲和柱，存放于冷室。

第五节 聚合酶链式反应（PCR）技术

聚合酶链式反应（Polymerase chain reaction，PCR）是利用耐高温的 DNA 聚合酶体外快速扩增 DNA 的技术。简单地说，PCR 就是利用 DNA 聚合酶对特定基因做体外或试管内（*In Vitro*）的大量合成，可以将一段基因复制为原来的一百亿至一千亿倍。基本上它是利用 DNA 聚合酶进行专一性的连锁复制。通过 PCR 可以简便、快速地从微量生物材料中获得大量特定的核酸，并具有很高的灵敏度和特异性，可用于微量核酸样品的检测。

一、PCR 反应的基本原理

1985 年 Mullis 发明了 PCR 快速扩增 DNA 的方法。最初采用的 DNA 聚合酶是 Klenow 酶，每轮加热变性 DNA 时都会使该酶失活，需要补充酶。PCR 方法模仿体内 DNA 的复制过程，首先使 DNA 变性，两条链解开；然后使引物与模板退火，两者碱基配对；DNA 聚合酶随即以 4 种 dNTP 为底物，在引物的引导下合成与模板互补的 DNA 新链。重复此过程，DNA 链以指数方式扩增。1988 年 Saiki 等人从栖热水生菌（*Thermus aquaticrs*）中分离出耐热的 Taq DNA 聚合酶取代了 Klenow 酶，从而使 PCR 技术成熟并得到广泛的应用。该技术可用于扩增任意 DNA 片段，只要设计出片段两端的引物。DNA 正链 5′端引物又称为正向引物、右向引物、上游引物，简称为 5′引物；与正链 3′端互补的引物称为反向引物、左向引物、下游引物，简称为 3′引物。PCR 技术操作简便，灵敏度极高，通常扩增可达到模板的 10^6 倍，故少数几个模板分子即可扩增出来。只需加入试剂并控制三步反应的温度和时间，即可获得扩增效率惊人的产物。扩增的公式为：

$$N_{\mathrm{f}} = N_0(1+Y)^n$$

式中，N_{f} 为扩增拷贝数；N_0 为模板拷贝数；Y 为每次循环产率；n 为循环次数。

假设扩增效率为 60%，经过 30 次循环，DNA 量即可扩增 1.33×10^6 倍，只要极其痕量的 DNA 就可通过扩增达到能检测的水平。PCR 的原理如图 2-3 所示。

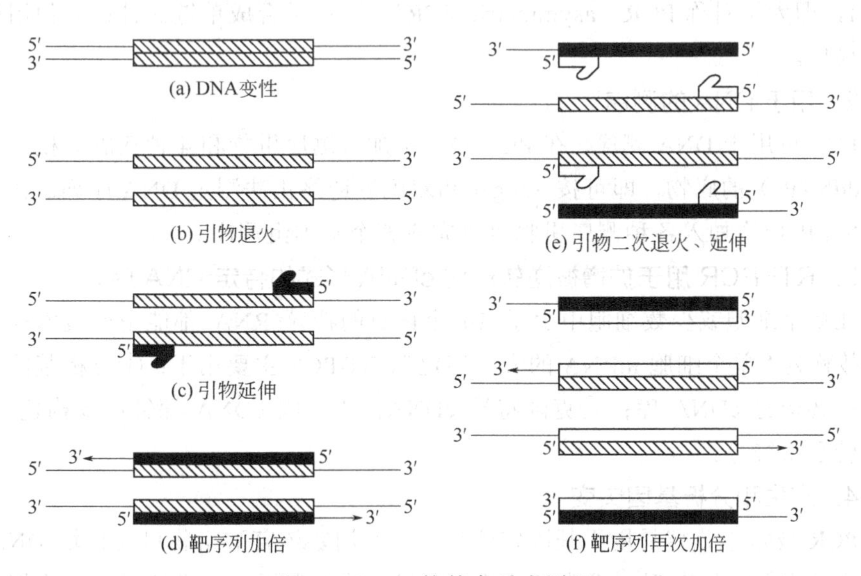

图 2-3　PCR 的基本反应原理

PCR 的基本反应原理：在第一个 PCR 循环中（a）～（d），原有的 DNA 模板（靶序列，以灰色斜纹表示）变性（a）；DNA 模板与引物退火（复性）（b）；引物向中心区延伸（c）；靶序列 DNA 扩增加倍（黑色链为新合成链）（d）；在第二个 PCR 循环中（e）、（f），通过第二次变性、退火、引物延伸，使靶序列再次扩增加倍（白色链为最新合成链）。

二、PCR 反应的基本步骤

（1）设计一对引物以便有效扩增所需要的 DNA 序列。

（2）优化反应体系，以便获得最好的扩增效果。包括适量的模板（0.001～1 ng），引物（100 pmol/100 μL），4 种 dNTP（200 μmol/L），Taq DNA 聚合酶（2 U/100 μL）和适量 Mg^{2+}（0.05～5 mmol/L）。

（3）选择 3 个循环温度，变性，94 ℃，45～60 s；退火（根据引物与模板的 T_m 值确定，一般为两个引物中较低的 T_m 值减 2），1 min；延伸，72 ℃，1 min。开始时热变性 5～10 min，热源循环 25～30 个周期，最后延伸 10 min。

（4）扩增完成后取出一定量反应产物，检测扩增结果。最常用的方法是凝胶电泳，经溴化乙锭染色，在紫外线下检测。

三、PCR 技术的发展与应用

在所有生物技术中，PCR 技术发展最迅速，应用最广泛，它给生物学、医学和相邻学科带来了巨大的影响。它发展的新技术和用途大约有以下几个方面：

1. PCR 常用于合成特异探针

通常 PCR 中所加两端引物的摩尔数是相等的，若加入不等量的引物，例如 60∶1，即为不对称 PCR（asymmetric PCR），可用于合成单链探针或其他用途的单链模板。

2. 用于 DNA 的测序

PCR 可用于 DNA 测序。在 PCR 系统中加入测序引物和 4 种双脱氧核苷三磷酸（ddNTPs）的底物，即可按 Sanger 和双脱氧链终止法测定 DNA 序列。在染色体 DNA 中依次加入各种测序引物可以完成整个基因组测序。

3. RT-PCR 用于扩增被逆转录成 cDNA 形式的特定 RNA 序列

在单个细胞或少数细胞中少于 10 个拷贝的特异 RNA 都能用此技术检测出来，故称为“单个细胞 mRNA 的表型鉴定”。RT-PCR 主要用于：①分析基因转录产物；②构建 cDNA 库；③克隆特异 cDNA；④合成 cDNA 探针；⑤构建 RNA 高效转录系统等。

4. 产生和分析基因突变

PCR 技术十分容易用于基因定位诱变。利用寡核苷酸引物可在扩增 DNA 片段的末端引入附加序列，或造成碱基的取代、缺失和插入。设计引物时应把与模板不配对的碱基安置在引物中间或是 5′端，在不配对碱基的 3′端必须有 15 个以上配对碱基。PCR 的引物通常总是在被扩增 DNA 片段的两端，但有时需要诱变的部位在片段的中间，这时可在 DNA 片段设置引物，引入变异，然后在变异位点外侧再用引物延伸，此法称为嵌套式 PCR（nested PCR）。PCR 诱变技术请参考相关书籍。

PCR 技术用于检测基因突变的方法十分灵敏。已知人类的癌症和遗传疾病都与基因突变有关，应用 PCR 扩增可以快速获得患者需要检查的基因片段，再通过分子杂交检测突变；也可用特殊的引物，通过 PCR 来直接判断突变。

5. 重组 PCR

重组 PCR 在基因工程操作中十分有用。将 DNA 不同序列连在一起，用酶切割和连接常常找不到合适的酶切位点，而且引入的多余序列无法删除。重组 PCR 只需设计 3 条引物：①左边 DNA 片段的 5′引物；②连接两片段的引物；③右边片段的 3′引物。经过数轮 PCR 即可将两个片段连在一起。

6. 未知序列的 PCR 扩增

通常 PCR 必须知道欲扩增 DNA 片段两端的序列，才能设计一对引物用以扩增该片段。但在许多情况下需要扩增的片段序列是未知的，一些特殊的 PCR 技术可用来扩增未知序列，或从已知序列扩增出其上游或下游未知序列。反向 PCR（inverse PCR）通过使部分序列已知的限制片段自身环化连接，然后在已知序列部位设计一对反向的引物，经 PCR 而使未知序列得到扩增。

从染色体已知序列出发，通过重复进行反向 PCR，逐步扩增出未知序列的技术，称为染色体步移（chromosome walking），为染色体 DNA 的研究提供了有用的手段。与反向 PCR 类似的锅柄 PCR（panhandle PCR）也能由已知序列扩增邻侧未知序列，且避开了限制片段自身环化，效率更高。选择限制酶将染色体 DNA 切为适当大小片段，末端补齐，碱性磷酸酯酶去除 5′磷酸，合成已知序列（−）链 5′端互补的寡核苷酸，其 5′磷酸端只能与片段 3′羟基端连接。因此（−）链在未知序列的两端均有彼此互补的已知序列，变性后退火形成链内二级结构，犹如锅柄故得名。将两端已知序列的引物进行 PCR，即可扩增出未知序列。

此外还有一些 PCR 技术可以扩增未知序列。例如，锚定 PCR（anchored PCR），用末端核苷酸移酶在合成 DNA 链的 3′端加上均聚物，再用此均聚物互补的寡聚核苷酸作为另一引物进行 PCR。利用人类基因组 DNA 中分散分布的 Alu 序列，用一段已知序列和 Alu 序列作为一对引物，也可以扩增出未知序列。

7. 基因组序列的比较研究

应用随机引物的 PCR 扩增，便能测定两个生物基因组之间的差异。该技术称为随机扩增多态 DNA 分析（random amplified polymorphic DNA，RAPD）。如果用随机引物寻找生物细胞表达基因的差异，则称为 mRNA 的差异显示（differential display）。PCR 技术在人类学、古生物学、进化论等的研究中也起了重要的作用。

8. 在临床医学和法医学中的应用

PCR 技术已被广泛用于临床诊断，如对癌基因、遗传病等疑难病和恶性疾病的确诊，病原体的检测（某些恶性疾病用一般微生物学、生化和免疫学技术无法查出时），确定亲属间的亲缘关系，胎儿的早期检查等。由于 PCR 技术的高度灵敏性，即使多年残存的痕量 DNA 也能够被检测出来，因此对刑侦工作等也起着重要作用。

第三章 基础性实验

所谓基础性实验，就是适用于低年级学生以验证性实验为主的实验类型。主要培养学生的仪器操作能力、实验观察能力、现象判断能力、结果计算能力，巩固和提高对基础课知识的理解能力。系统强化学生基本实验技能的训练，培养学生独立实验的能力、自主获取知识的能力，启迪学生创新意识。

第一节 糖生物化学实验

实验一 糖的还原性检验

一、实验目的

（1）了解糖还原性的概念及其与结构的关系。

（2）掌握检验糖还原性的方法及原理。

二、实验原理

1. Fehling 反应

Fehling（费林）试剂是含有硫酸铜和酒石酸钾钠的氢氧化钠溶液。硫酸铜与碱溶液混合加热，则生成黑色的氧化铜沉淀；若同时有还原糖存在，则产生黄色或砖红色的氧化亚铜沉淀。

为防止铜离子和碱反应生成氢氧化铜或碱性碳酸铜沉淀，Fehling 试剂中加入酒石酸钾钠，它与 Cu^{2+}形成的酒石酸钾钠络合铜离子是可溶性的络合离子，该反应是可逆的。平衡后溶液内保持一定浓度的氢氧化铜。费林试剂是一种弱的氧化剂，它不与酮和芳香醛发生反应。

2. Benedict反应

Benedict 试剂是 Fehling 试剂的改良版。Benedict 试剂利用柠檬酸作为 Cu^{2+} 的络合剂，其碱性较 Fehling 试剂弱，灵敏度高，干扰因素少。

三、实验器材

试管，试管架，恒温水浴锅，移液管，滴管等。

四、实验试剂

1. Fehling反应

试剂甲：称取 34.5 g $CuSO_4 \cdot 5H_2O$ 溶于 500 mL 蒸馏水中。

试剂乙：称取 125 g NaOH 和 137 g 酒石酸钾钠溶于 500 mL 蒸馏水中，贮存于具橡皮塞玻璃瓶中。临用前，将试剂甲和试剂乙等量混合即得 Fehling 试剂。

1%葡萄糖溶液，1%蔗糖溶液，1%淀粉溶液，1%果糖溶液，1%麦芽糖溶液。

2. Benedict反应

Benedict 试剂：将 170 g 柠檬酸钠和 100 g 无水碳酸钠溶于 800 mL 水中；另将 17 g 硫酸铜溶于 100 mL 热水中。将硫酸铜溶液缓缓倾入柠檬酸钠-碳酸钠溶液中，边加边搅，最后定容至 1000 mL。该试剂可长期放置。

1%葡萄糖溶液，1%蔗糖溶液，1%淀粉溶液，1%果糖溶液，1%麦芽糖溶液。

五、实验操作

1. Fehling反应

取 5 支试管，编号，各加入 Fehling 试剂 2 mL，再分别加入 4 滴待测糖溶液，置沸水浴中加热 2～3 min，取出冷却，观察各管沉淀及颜色变化情况。

2. Benedict反应

取 5 支试管，编号，各加入 2 mL Benedict 试剂，再分别滴加 4 滴待测糖溶液，沸水浴中加热 2～3 min，取出冷却后，观察各管沉淀及颜色变化情况。

【注意事项】

（1）酮基本身并没有还原性，只有在变为烯醇式后，才显示还原作用。

（2）因糖的还原作用生成氧化亚铜沉淀的颜色取决于颗粒的大小，沉淀颗粒的大小又取决于反应速度。反应速度快时，生成的沉淀颗粒较小，呈黄绿色；反应速度慢时，生成的沉淀颗粒较大，呈红色。

思考题

（1）举例说明常见的糖中哪些属于还原糖，能从结构上加以解释吗？

（2）实验中生成沉淀颜色的异同能否作为定量的依据？

实验二　总糖和还原糖的测定

Ⅰ　Fehling试剂热滴定法

一、实验目的

（1）掌握Fehling（费林）试剂热滴定法测定还原糖和总糖的原理。

（2）掌握滴定管的使用方法和热滴定终点的判断。

二、实验原理

还原糖是指含有自由醛基（如葡萄糖）或酮基（如果糖）的单糖和某些二糖（如乳糖、麦芽糖）。在碱性溶液中，还原糖能将金属离子（Cu^{2+}、Hg^{2+}、Ag^{+}等）还原，而自身则被氧化成各种羧酸类化合物。

费林（Fehling）试剂是氧化剂，由甲、乙两种溶液组成。将一定量的碱性酒石酸铜甲液和乙液等体积混合时，硫酸铜与氢氧化钠反应，生成天蓝色的氢氧化铜沉淀：

$$2NaOH + CuSO_4 \longrightarrow Cu(OH)_2\downarrow + Na_2SO_4$$

在碱性溶液中，所生成的氢氧化铜沉淀与酒石酸钾钠反应，生成可溶性的酒石酸钾钠铜。

$$Cu(OH)_2 + \begin{array}{c} COOK \\ | \\ H-C-OH \\ | \\ H-C-OH \\ | \\ COONa \end{array} \longrightarrow \begin{array}{c} COOK \\ | \\ H-C-O \\ | \\ H-C-O \\ | \\ COONa \end{array}\!\!\!\begin{array}{c} \diagdown \\ \quad Cu \\ \diagup \end{array} + 2H_2O$$

在加热条件下，用样液滴定，样液中的还原糖与酒石酸钾钠铜反应，酒石酸钾钠铜被还原糖还原，产生红色氧化亚铜沉淀，还原糖则被氧化和降解。

$$2\begin{array}{c} COOK \\ | \\ H-C-O \\ | \\ H-C-O \\ | \\ COONa \end{array}\!\!\!\begin{array}{c} \diagdown \\ \quad Cu \\ \diagup \end{array} + \begin{array}{c} CHO \\ | \\ (CHOH)_4 \\ | \\ CH_2OH \end{array} + 2H_2O \longrightarrow 2\begin{array}{c} COOK \\ | \\ H-C-OH \\ | \\ H-C-OH \\ | \\ COONa \end{array} + \begin{array}{c} COOH \\ | \\ (CHOH)_4 \\ | \\ CH_2OH \end{array} + Cu_2O\downarrow$$

反应生成的氧化亚铜沉淀与费林试剂中的亚铁氰化钾（黄血盐）反应生成可溶性复盐，便于观察滴定终点。

$$Cu_2O + K_4Fe(CN)_6 + H_2O \longrightarrow \underset{\text{（淡黄色）}}{K_2Cu_2Fe(CN)_6} + 2KOH$$

滴定时以亚甲基蓝为氧化还原指示剂。因为亚甲基蓝氧化能力比二价铜弱，待二价铜离子全部被还原后，稍过量的还原糖可使蓝色的氧化型亚甲基蓝还原为无色的还原型的亚甲基蓝，即达滴定终点。根据样液量可计算出还原糖含量。

三、实验器材

恒温水浴锅，调温电炉，锥形瓶（250 mL），酸式滴定管（25 mL），容量瓶（100 mL），石棉网，铁架台，滴管，烧杯。

四、实验材料与试剂

1. 实验材料

山芋粉。

2. 实验试剂

（1）费林试剂　费林甲液：称取 15 g 硫酸铜（$CuSO_4 \cdot 5H_2O$）及 0.05 g 亚甲基蓝，溶于蒸馏水中并稀释到 1000 mL。费林乙液：称取 50 g 酒石酸钾钠及 75 g NaOH，溶于蒸馏水中，再加入 4 g 亚铁氰化钾［$K_4Fe(CN)_6$］，完全溶解后，用蒸馏水稀释到 1000 mL，贮存于具橡皮塞玻璃瓶中。

（2）0.1%葡萄糖标准溶液：准确称取 1.000 g 经 98～100 ℃干燥至恒重的无水葡萄糖，加蒸馏水溶解后移入 1000 mL 容量瓶中，加入 5 mL 浓 HCl（防止微生物生长），用蒸馏水稀释到 1000 mL。

（3）6 mol/L HCl：取 250 mL 浓 HCl（35%～38%）用蒸馏水稀释到 500 mL。

（4）碘-碘化钾溶液：称取 5 g 碘，10 g 碘化钾溶于 100 mL 蒸馏水中。

（5）6 mol/L NaOH：称取 120 g NaOH 溶于 500 mL 蒸馏水中。

（6）0.1%酚酞指示剂。

（7）85%乙醇。

五、实验操作

1. 样品中还原糖的提取

（1）准确称取 2 g 山芋粉，放入 250 mL 锥形瓶中，加入 85%乙醇 50 mL。

（2）置 50 ℃恒温水浴浸提 30 min，并经常搅拌，过滤，收集滤液，滤渣按上述方法再用 85%乙醇处理 2 次。合并滤液，蒸去乙醇，移入 100 mL 容量瓶中定容，即为还原糖提取。若待测样品中无可溶性淀粉（遇碘呈蓝色），则可用水提取还原糖。

（3）准确称取 2 g 样品，放在 100 mL 烧杯中，先以少量蒸馏水调成糊状，然后加入 50 mL 蒸馏水，混匀，于 50 ℃恒温水浴中保温 20 min，不时搅拌，使还原糖浸出，过滤，将滤液全部收集在 100 mL 的容量瓶中，用蒸馏水定容至刻度，即为还原糖提取液。

2. 样品中总糖的水解及提取

（1）准确称取 1 g 山芋粉，放在锥形瓶中，加入 6 mol/L HCl 10 mL，蒸馏水

15 mL，在沸水浴中加热 0.5 h。

（2）取出 1～2 滴置于白瓷板上，加 1 滴 I-KI 溶液检查水解是否完全。如已水解完全，则不呈现蓝色。

（3）水解毕，冷却至室温后加入 1 滴酚酞指示剂，以 6 mol/L NaOH 溶液中和至溶液呈微红色，并定容到 100 mL，过滤，取滤液 10 mL 于 100 mL 容量瓶中，定容至刻度，混匀，即为稀释 1000 倍的总糖水解液，用于总糖测定。

3. 碱性酒石酸铜溶液的标定

（1）准确吸取碱性酒石酸铜甲液和乙液各 5.00 mL，置于 250 mL 锥形瓶中，加蒸馏水 10 mL，加玻璃珠 3 粒。

（2）用滴定管滴加约 9 mL 葡萄糖标准溶液，加热使其在 2 min 内沸腾，准确沸腾 30 s，趁热以每 2 秒 1 滴的速度继续滴加葡萄糖标准溶液，直至溶液蓝色刚好褪去为终点。记录消耗葡萄糖标准溶液的总体积。

（3）平行操作 3 次，取其平均值，按下式计算：

$$m = cV$$

式中 m——10 mL 碱性酒石酸铜溶液相当于葡萄糖的量，mg；

c——葡萄糖标准溶液的浓度，mg/mL；

V——标定时消耗葡萄糖标准溶液的总体积，mL。

4. 样品糖的定量测定

（1）样品溶液预测定：吸取碱性酒石酸铜甲液及乙液各 5.00 mL，置于 250 mL 锥形瓶中，加蒸馏水 10 mL，加玻璃珠 3 粒，加热使其在 2 min 内沸腾，准确沸腾 30 s，趁热以先快后慢的速度用滴定管滴加样品溶液，滴定时要保持溶液呈沸腾状态。待溶液由蓝色变浅时，以每 2 秒 1 滴的速度滴定，直至溶液的蓝色刚好褪去为终点。记录样品溶液消耗的体积。

（2）样品溶液测定：吸取碱性酒石酸铜甲液及乙液各 5.00 mL，置于锥形瓶中，加蒸馏水 10 mL，加玻璃珠 3 粒，从滴定管中加入比预计测试样品溶液消耗的总体积少 1 mL 的样品溶液，加热使其在 2 min 内沸腾，准确沸腾 30 s，趁热以每 2 秒 1 滴的速度继续滴加样液，直至蓝色刚好褪去为终点。记录消耗样品溶液的总体积。平行操作 3 次，取其平均值。

5. 结果计算

$$\text{还原糖含量（以葡萄糖计）} = \frac{m \times V_1}{m_1 \times V \times 1000} \times 100\%$$

$$\text{总糖含量（以葡萄糖计）} = \frac{m \times V_1}{m_1 \times V \times 1000} \times 100\%$$

式中 m_1——样品质量，g；

m——10 mL 碱性酒石酸铜溶液相当于葡萄糖的质量，mg；

V——标定时平均消耗还原糖或总糖样品溶液的总体积，mL；

V_1——还原糖或总糖样品溶液的总体积，mL；

1000——mg 换算成 g 的系数。

【注意事项】

（1）滴定必须是在沸腾条件下进行，其原因一是加快还原糖与 Cu^{2+} 的反应速度；二是亚甲基蓝的变色反应是可逆的，还原型的亚甲基蓝遇空气中的氧会再被氧化为氧化型。此外，氧化亚铜也极不稳定，易被空气中的氧所氧化。保持反应液沸腾可防止空气进入，避免亚甲基蓝和氧化亚铜被氧化而增加消耗量。

（2）滴定时不能随意摇动锥形瓶，更不能把锥形瓶从加热源上取下来滴定，以防止空气进入反应溶液中。

（3）样品溶液应预测定，其目的：一是本法对样品溶液中还原糖浓度有一定要求（0.1%左右）；二是通过预测可以知道样品溶液大概消耗量，以便在正式测定时，预先加入比实际用量少 1 mL 左右的样品溶液，可留下 1 mL 左右样品溶液在后续滴定，以保证在 1 min 之内完成继续滴定工作，提高测定的准确度。

（4）必须严格控制反应液的体积，标定和测定时消耗的体积应接近。电炉温度恒定后才能加热，热原强度应控制在使反应液在 2 min 内沸腾，且应保持一致。

思考题

（1）用费林试剂比色法测定还原糖时，为什么整个滴定过程必须使溶液处于沸腾状态？

（2）用费林试剂比色法，为什么必须用已知浓度的葡萄糖标准溶液标定碱性酒石酸铜溶液？

（3）在费林试剂比色法中影响测定结果的主要操作因素是什么？为什么必须严格控制实验条件和操作步骤？

Ⅱ　3, 5-二硝基水杨酸比色定糖法测定还原糖和总糖

一、实验目的

（1）掌握 3,5-二硝基水杨酸比色定糖法的原理及方法。

（2）用 3,5-二硝基水杨酸比色定糖法测定山芋粉中的总糖及还原糖。

（3）熟悉 721 型分光光度计的原理及使用方法。

二、实验原理

3,5-二硝基水杨酸与还原糖共热后被还原成棕红色的氨基化合物，在一定范围内，还原糖的量和反应液的颜色强度成比例关系，利用比色法可测知样品的含糖量。

该方法是半微量定糖法，操作简便，快速，杂质干扰较少。

三、实验器材

试管和试管架，碱滴定管（50 mL），铁台，滴定管夹，吸量管（1 mL 和 2 mL），容量瓶（100 mL），水浴锅，玻璃漏斗和烧杯，铁三脚架，量筒（10 mL、100 mL），电热恒温水浴，酒精灯，玻璃棒，白瓷板，721 分光光度计。

四、实验材料与试剂

1. 实验材料

山芋粉。

2. 实验试剂

（1）3,5-二硝基水杨酸试剂 （又称 DNS 试剂） 甲液：溶解 6.9 g 结晶酚于 15.2 mL 10%氢氧化钠中，并稀释至 69 mL，在此溶液中加入 6.9 g 亚硫酸氢钠。乙液：称取 255 g 酒石酸钠，加到 300 mL10%氢氧化钠中，再加入 880 mL1% 3,5-二硝基水杨酸溶液。将甲液与乙液相混合即得黄色试剂，贮于棕色试剂瓶中。在室温下，放置 7～10 d 以后使用。

（2）0.1%葡萄糖标准液：准确称取 100 mg 分析纯的葡萄糖（预先在 105 ℃干燥至恒重），用少量蒸馏水溶解后定容至 100 mL，冰箱保存备用。

（3）6 mol/L 盐酸溶液。

（4）10%氢氧化钠溶液。

（5）碘化钾-碘溶液（碘试剂）。

（6）酚酞指示剂。

（7）85%乙醇。

五、实验操作

1. 葡萄糖标准曲线的绘制

取 9 支大试管，分别按表 3-1 顺序加入各种试剂。.

表 3-1 标准曲线制定的配制方案

项目	空白	1	2	3	4	5	6	7	8
含糖总量/mg	0	0.2	0.4	0.6	0.8	1.0	1.2	1.4	1.6
葡萄糖液加量/mL	0	0.2	0.4	0.6	0.8	1.0	1.2	1.4	1.6
蒸馏水加量/mL	2.0	1.8	1.6	1.4	1.2	1.0	0.8	0.6	0.4
DNS 试剂加量/mL	1.5	1.5	1.5	1.5	1.5	1.5	1.5	1.5	1.5
加热	均在沸水浴中加热 5 min								
冷却	立即用流动冷水冷却								
蒸馏水加量/mL	21.5	21.5	21.5	21.5	21.5	21.5	21.5	21.5	21.5
吸光度 $A_{520\ nm}$									

将上述各管溶液混匀后，在 721 型分光光度计上用 520 nm 进行比色测定，用空白管溶液调零点。记录光吸收值。以葡萄糖浓度为横坐标，光吸收值为纵坐标绘制出标准曲线。

2. 山芋粉中总糖和还原糖含量的测定

（1）样品中还原糖的提取　准确称取 2 g 山芋粉，放入 100 mL 烧杯内，加入 85%乙醇 50 mL，混匀，在 50 ℃恒温水浴中保温 30 min，过滤，滤渣再用 85%乙醇提取二次。将滤液合并，蒸去乙醇，加少量水，移入 100 mL 容量瓶中，用水稀释到刻度，备用。

（2）样品中总糖的水解及提取　准确称取山芋粉 1 g，放入大试管中，加入 10 mL 6 mol/L 盐酸和 15 mL 蒸馏水。混匀，在沸水浴中加热 0.5 h 后，用碘化钾-碘溶液检查水解程度。若已水解完全，则不呈现蓝色。冷却后加入酚酞指示剂 1 滴，以 10%氢氧化钠中和至溶液呈微红色。过滤并定容至 100 mL。再精确吸取上述溶液 10 mL，放人 100 mL 容量瓶中，稀释至刻度，备用。

（3）样品中含糖量的测定　取 7 支大试管，分别按表 3-2 加入各种试剂：

表 3-2　样品测定配制方案

项目	空白	还原糖			总糖		
		1	2	3	4	5	6
样品加量/mL	0	1.0	1.0	1.0	1.0	1.0	1.0
蒸馏水加量/mL	2.0	1.0	1.0	1.0	1.0	1.0	1.0
DNS 试剂加量/mL	1.5	1.5	1.5	1.5	1.5	1.5	1.5
加热	均在沸水浴中加热 5 min						
冷却	立即用流动冷水冷却						
蒸馏水加量/mL	21.5	21.5	21.5	21.5	21.5	21.5	21.5
吸光度 $A_{520\ nm}$							

3. 结果计算

将各管混匀后，按制作标准曲线时同样的操作测定各管的光密度，在标准曲线上查出相应的还原糖含量，按下述公式计算出山芋粉内还原糖与总糖的含量（%）。

$$\text{总糖含量}=\frac{\text{水解后还原糖质量(mg)}\times\text{样品稀释倍数}}{\text{样品质量(mg)}}\times 100\%$$

$$\text{还原糖含量}=\frac{\text{还原糖质量(mg)}\times\text{样品稀释倍数}}{\text{样品质量(mg)}}\times 100\%$$

【注意事项】

（1）在沸水浴上加热时，注意勿让三角瓶倒伏。

（2）多糖水解后，样品液需用碱调 pH 值至中性后再定容。

（3）样品液显色后若颜色很深，其消光值超过标准曲线浓度（含量）范围，则应将样品提取液适当稀释后再显色测定。

思考题

（1）比色测定的操作要点是什么？基本原理是什么？

（2）721 型分光光度计的原理及使用时的注意事项是什么？

（3）比色测定时为什么要设计空白管？

（4）总糖包括哪些化合物？

第二节　脂类化学实验

实验一　脂肪碘值的测定

一、实验目的

（1）掌握测定脂肪碘值的原理和操作方法。

（2）了解测定脂肪碘值的意义。

二、实验原理

不饱和脂肪酸碳链上含有不饱和键，可与卤素（Cl_2，Br_2，I_2）进行加成反应。不饱和键数目越多，加成的卤素量也越多，通常以“碘值”表示。在一定条件下，每 100 g 脂肪所吸收碘的克数称为该脂肪的碘值。碘值越高，表明不饱和脂肪酸的含量越高，它是鉴定和鉴别油脂的一个重要参数。

碘与脂肪的加成反应很慢，而氯及溴与脂肪的加成反应快，但常有取代和氧化等副反应。本实验使用溴化碘（IBr）进行碘值的测定，这种试剂稳定，测定的结果接近理论值。IBr 的一部分与油脂的不饱和脂肪酸起加成作用，剩余部分与碘化钾作用放出碘，放出的碘用硫代硫酸钠滴定。

加成反应如下：

$$-HC{=}CH- + IBr \longrightarrow -\underset{\displaystyle I}{\overset{\displaystyle H}{C}}-\underset{\displaystyle Br}{\overset{\displaystyle H}{C}}-$$

释放碘：$IBr + KI \longrightarrow KBr + I_2$

滴定：$I_2 + 2Na_2S_2O_3 \longrightarrow 2NaI + Na_2S_4O_6$

实验时取样的量决定于油脂样品的碘值，可参考表 3-3 与表 3-4。

表 3-3 样品最适量和碘值的关系

碘值/g	≤30	(30，60]	(60，100]	(100，140]	(140，160]	(160，210]
样品数/g	约 1.1	0.5～0.6	0.3～0.4	0.2～0.3	0.15～0.26	0.13～0.15
作用时间/h	0.5	0.5	0.5	1.0	1.0	1.0

表 3-4 几种油脂的碘值

名称	亚麻子油	鱼肝油	棉籽油	花生油	猪油	牛油
碘值/g	175～210	154～170	104～110	85～100	48～64	25～41

三、实验器材

碘瓶（或带玻璃塞的锥形瓶），棕色滴定管（×1）、无色滴定管（×1），吸量管，量筒，分析天平。

四、实验材料与试剂

1. 实验材料

花生油或猪油。

2. 实验试剂

（1）溴化碘溶液 取 12.2 g 碘，放入 1500 mL 锥形瓶内，缓慢加入 1000 mL 冰乙酸（99.5%），边加边摇，同时略加热，使碘溶解。冷却后，加溴约 3 mL。

注意：所用冰乙酸中不应含有还原性物质。检查方法：取 2 mL 冰乙酸，加少许重铬酸钾及硫酸，若呈绿色，则证明有还原性物质存在。

（2）0.1 mol/L 标准硫代硫酸钠溶液 取结晶硫代硫酸钠 50 g，溶在经煮沸后冷却的蒸馏水（无 CO_2 存在）中。添加硼砂 7.6 g 或氢氧化钠 1.6 g，使硫代硫酸钠溶液处于 pH 9～10 时最稳定的状态。稀释到 2000 mL 后，用 0.1 mol/L 碘酸钾溶液按下法标定：

准确量取 0.1 mol/L 碘酸钾溶液 20 mL、10%碘化钾溶液 10 mL 和 1 mol/L 硫酸 20 mL，混合均匀。以 1%淀粉溶液作指示剂，用硫代硫酸钠溶液进行标定。按下面所列反应式计算硫代硫酸钠溶液浓度后，用水稀释至 0.1 mol/L。

$$KIO_3 + 5KI + 3H_2SO_4 \longrightarrow 3K_2SO_4 + 3I_2 + 3H_2O$$

$$I_2 + 2Na_2S_2O_3 \longrightarrow 2NaI + Na_2S_4O_6$$

（3）纯四氯化碳。

（4）1%淀粉溶液（溶于饱和氯化钠溶液中）。

（5）10%碘化钾溶液。

五、实验操作

（1）准确称取 0.3～0.4 g 花生油 2 份，置于两个干燥的碘瓶内，切勿使油黏在瓶颈或壁上。加入 10 mL 四氯化碳，轻轻摇动，使油全部溶解。用滴定管仔细地加入 25 mL 溴化碘溶液，勿使溶液接触瓶颈，塞好瓶塞，在玻璃塞与瓶口之间加数滴 10%碘化钾溶液封闭缝隙，以免碘的挥发损失。在 20～30 ℃暗处放置 30 min，并不时轻轻摇动。油吸收的碘量不应超过溴化碘溶液所含碘量的一半，若瓶内混合物的颜色很浅，表示花生油用量过多，改称较少量花生油重做。

（2）放置 30 min 后，立刻小心地打开玻璃塞，使塞旁碘化钾溶液流入瓶内，切勿丢失。用新配制的 10%碘化钾 10 mL 和蒸馏水 50 mL 把玻璃塞和瓶颈上的液体冲洗入瓶内，混匀。用 0.1 mol/L 硫代硫酸钠溶液迅速滴定至浅黄色。加入 1%淀粉溶液约 1 mL，继续滴定，将近终点时，用力振荡，使碘由四氯化碳层全部进入水溶液内。再滴定至蓝色消失为止，即达滴定终点。

另作 2 份空白对照，除不加油样外，其余操作同上。滴定后，将废液倒入废液缸内，以便回收四氯化碳。计算碘值。

（3）结果计算　碘值表示 100 g 脂肪所能吸收碘的克数，因此样品碘值的计算如下：

$$碘值=\frac{A-B}{C}\times T\times 100$$

式中　A——滴定空白用 $Na_2S_2O_3$ 溶液的平均毫升数，mL；

B——滴定碘化后样品用 $Na_2S_2O_3$ 溶液的平均毫升数，mL；

C——样品的重量，g；

T——与 1 mL 0.1mol/L 硫代硫酸钠溶液相当的碘的质量，g。

【注意事项】

（1）碘瓶必须洁净、干燥，否则油中含有水分，引起反应不完全。

（2）加碘试剂后，如发现碘瓶中颜色变浅褐色，表明试剂不够，必须再添加 10～15 mL 试剂。

（3）如加入碘试剂后，液体变浊，这表明油脂在 CCl_4 中溶解不完全，可再加些 CCl_4。

（4）将近滴定终点时，用力振荡是本滴定成功的关键之一，否则容易滴加过头或不足。如震荡不够，CCl_4 层会出现紫色或红色，此时应用力振荡，使碘进入水层。

（5）淀粉溶液不宜加得过早，否则滴定值偏高。

思考题

（1）测定碘值有何意义？液体油和固体脂碘值有何区别？

（2）滴定完毕放置一些时间后，溶液应返回蓝色，否则表示滴定过量，为什么？

实验二　粗脂肪含量的测定——索氏抽提法

一、实验目的

脂肪广泛存在于许多植物的种子和果实中，测定脂肪的含量，可以作为鉴别其品质优劣的一个指标。脂肪含量的测定有很多方法，如抽提法、酸水解法、比重法、折射法、电测和核磁共振法等。目前国内外普遍采用抽提法，其中索氏抽提法（Soxhlet extractor method）是公认的经典方法，也是我国粮油分析首选的标准方法。通过本实验的学习，掌握索氏抽提法测定粗脂肪含量的原理和操作方法。

二、实验原理

本实验采用索氏抽提法中的残余法，即用低沸点有机溶剂（乙醚或石油醚）回流抽提，除去样品中的粗脂肪，以样品与残渣质量之差，计算粗脂肪含量。由于有机溶剂的抽提物中除脂肪外，还或多或少含有游离脂肪酸、甾醇、磷脂、蜡及色素等类脂物质，因而抽提法测定的结果只能是粗脂肪。

索氏提取器是由提取瓶、提取管、冷凝器三部分组成的（图 3-1），提取管两侧分别有虹吸管和连接管。各部分连接处要严密不能漏气。提取时，将待测样品包在脱脂滤纸包内，放入提取管内。提取瓶内加入石油醚，加热提取瓶，石油醚气化，由连接管上升进入冷凝器，凝成液体滴入提取管内，浸提样品中的脂类物质。待提取管内石油醚液面达到一定高度，溶有粗脂肪的石油醚经虹吸管流入提取瓶。流入提取瓶内的石油醚继续被加热汽化、上升、冷凝，滴入提取管内，如此循环往复，直到抽提完全为止。

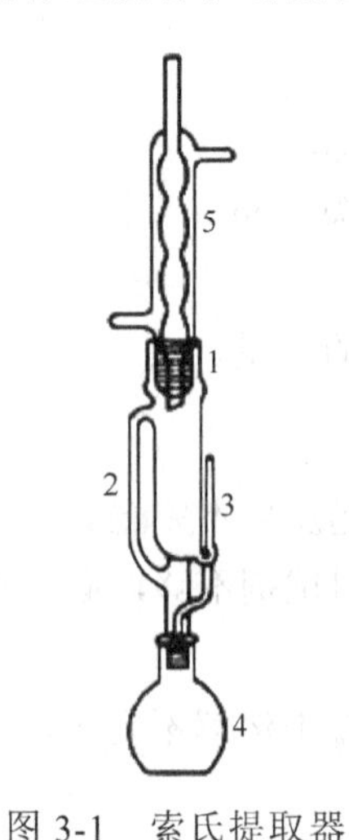

图 3-1　索氏提取器装置示意

1,4—提取管；2—连接管；3—虹吸管；5—冷凝管

三、实验器材

索氏脂肪抽提器（图 3-1）或 YG-Ⅱ型油分测定器，干燥器（直径 15～18 cm，盛变色硅胶），不锈钢镊子（长 20 cm），培养皿，分析天平（感量 0.001 g），称量瓶，恒温水浴，烘箱，样品筛（60 目）。

四、实验材料与试剂

1. 实验材料

油料作物种子、中速滤纸。

2. 实验试剂

无水乙醚或低沸点石油醚（A.R.）。

五、实验操作

（1）将滤纸切成 8 cm×8 cm，叠成一边不封口的纸包，用硬铅笔编写顺序号，按顺序排列在培养皿中。将盛有滤纸包的培养皿移入(105 ± 2)℃烘箱中干燥 2 h，取出放入干燥器中，冷却至室温。按顺序将各滤纸包放入同一称量瓶中称重（记作 *a*）、称量时室内相对湿度必须低于 70%。

（2）包装和干燥　在上述已称重的滤纸包中装入 3 g 左右研细的样品，封好包口，放入(105 ± 2)℃的烘箱中干燥 3 h，移至干燥器中冷却至室温。按顺序号依次放入称量瓶中称重（记作 *b*）。

（3）抽提　将装有样品的滤纸包用长镊子放入抽提筒中，注入一次虹吸量的 1.67 倍的无水乙醚，使样品包完全浸没在乙醚中。连接好抽提器各部分，接通冷凝水水流，在恒温水浴中进行抽提，调节水温在 70～80 ℃之间，使冷凝后滴下的乙醚成连珠状（120～150 滴/min 或回流 7 次/h 以上），抽提至抽取筒内的乙醚用滤纸点滴检查无油迹为止（约需 6～12 h）。抽提完毕后，用长镊子取出滤纸包，在通风处使乙醚挥发（抽提室温以 12～25 ℃为宜）。提取瓶中的乙醚另行回收。

（4）称重　待乙醚挥发之后，将滤纸包置于(105 ± 2)℃烘箱中干燥 2 h，放入干燥器冷却至恒重为止（记作 *c*）。

（5）结果计算

$$\text{粗脂肪含量} = (b-c)/(b-a)\times 100\%$$

式中　*a*——称量瓶加滤纸包重，g；

b——称量瓶加滤纸包和烘干样重，g；

c——称量瓶加滤纸包和抽提后烘干残渣重，g。

【注意事项】

（1）测定用样品、抽提器、抽提用有机溶剂都需要进行脱水处理。这是因为：第一，抽提体系中有水，会使样品中的水溶性物质溶出，导致测定结果偏高；第二，抽提体系中有水，则抽提溶剂易被水饱和（尤其是乙醚），从而影响抽提效率；第三，样品中有水，抽提溶剂不易渗入细胞组织内部，不易将脂肪抽提干净。

（2）试样粗细度要适宜。试样粉末过粗，脂肪不易抽提干净；试样粉末过细，则有可能透过滤纸孔隙随回流溶剂流失，影响测定结果。

（3）索氏抽提法测定脂肪最大的不足是耗时过长，若能将样品先回流 1～2

次，然后浸泡在溶剂中过夜，次日再继续抽提，则可明显缩短抽提时间。

（4）必须十分注意乙醚的安全使用。抽提室内严禁有明火存在或用明火加热。乙醚中不得含有过氧化物，保持抽提室内良好通风，以防燃爆。

思考题

（1）如何利用残余法测定油料作物种子中的粗脂肪含量？

（2）测定过程中为什么需要对样品、抽提器、抽提用有机溶剂进行脱水处理？

（3）在实验过程中安全使用乙醚应注意哪些问题？

（4）测定样品粒子粗细有什么要求？

第三节　蛋白质化学实验

实验一　蛋白质的呈色反应和沉淀反应

Ⅰ　蛋白质（多肽）的呈色反应（双缩脲反应）

一、实验目的

（1）了解蛋白质（多肽）的呈色反应——双缩脲反应的原理。

（2）掌握应用双缩脲反应鉴定蛋白质和氨基酸的方法。

二、实验原理

双缩脲反应是指在碱性溶液（NaOH）中，双缩脲（$H_2NOC—NH—CONH_2$）与铜离子（Cu^{2+}）作用，形成紫红色络合物。双缩脲（$NH_2CONHCONH_2$）是两个分子脲加热至 180 ℃左右缩合，放出一分子氨后得到的产物。凡具有两个酰氨基或两个直接连接的肽键，或通过一个中间碳原子相连的肽键，这类化合物都能发生双缩脲反应。一切蛋白质或二肽以上的多肽都能发生双缩脲反应，双缩脲反应是蛋白质和多肽所特有的，而氨基酸所没有的一种颜色反应。一般分子中含有两个氨基甲酰基（即肽键：—CO—NH—）的化合物与碱性溶液作用，生成紫色或者蓝紫色的络合物。

$$2\ H_2N-CO-NH_2 \xrightarrow{180\ ℃} H_2N-CO-NH-CO-NH_2 + NH_3\uparrow$$

尿素　　　　双缩脲

双缩脲　$+ Cu^{2+} \xrightarrow{OH^-}$　紫色络合物

三、实验器材

试管 1.5 cm × 15 cm（×8），吸管 5 cm（×3）、2 cm（×1），电炉，水浴锅。

四、实验试剂

尿素 10 g，10%氢氧化钠 250 mL，1%硫酸铜 60 mL，2%卵清蛋白溶液 80 mL。

五、实验操作

（1）取少量尿素结晶，放在干燥试管中，用微火加热使尿素熔化。

（2）熔化的尿素开始硬化时，停止加热，尿素放出氨，形成双缩脲。

（3）冷却后，加 10%氢氧化钠约 1 mL，振荡摇匀，再加 1%硫酸铜溶液 1 滴，再振荡，观察出现的粉红色。要避免加过量的硫酸铜，否则，生成的蓝色氢氧化铜能掩盖粉红色。

（4）向另一试管加卵清蛋白溶液约 1 mL 和 10%氢氧化钠约 2 mL，摇匀，再加 1%硫酸铜溶液 2 滴，随加随摇，观察蓝紫色的出现。

【注意事项】

避免添加过量硫酸铜，否则，生成的蓝色氢氧化铜能掩盖粉红色。

思考题

请在表 3-5 中填写双缩脲反应实验现象。

表 3-5　双缩脲反应实验现象记录

操作	现象	现象解释
加入尿素		
加入 2%卵清蛋白溶液		

Ⅱ　蛋白质的呈色反应（茚三酮反应）

一、实验目的

（1）了解蛋白质和氨基酸的呈色反应——茚三酮反应的原理。

（2）掌握应用茚三酮反应鉴定蛋白质与氨基酸的方法。

二、实验原理

除脯氨酸、羟脯氨酸和茚三酮反应产生黄色物质外，所有α-氨基酸及一切蛋白质都能和茚三酮反应生成蓝紫色物质。

β-丙氨酸、氨和许多一级胺都呈正反应。虽然蛋白质和氨基酸都能发生茚三酮反应，但能与茚三酮呈阳性反应的不一定就是蛋白质或氨基酸。在定性和定量测定中，应严防干扰物质存在。该反应十分灵敏，1∶1 500 000浓度的氨基酸水溶液即能发生反应，是一种常用的氨基酸定量测定方法。

茚三酮反应分为两步，第一步是氨基酸被氧化形成CO_2、NH_3和醛，水合茚三酮还原成还原型茚三酮；第二步是所形成的还原型茚三酮同另一个水合茚三酮分子、氨缩合生成有色物质。反应机理如下：

$$\text{水合茚三酮} + H_2NCH(R)COOH \xrightarrow[H^+]{\text{加热}} \text{还原型茚三酮} + RCHO + NH_3 + CO_2$$

水合茚三酮　　氨基酸　　还原型茚三酮

$$\text{还原型茚三酮} + NH_3 + \text{水合茚三酮} \longrightarrow \text{蓝紫色生成物} + 3H_2O$$

还原型茚三酮　　水合茚三酮　　蓝紫色生成物

此反应的适宜pH为5～7，同一浓度的蛋白质或氨基酸在不同pH条件下的颜色深浅不同，酸度过大时甚至不显色。

三、实验仪器

试管1.5 cm × 15 cm（×8），吸管5 cm（×3）、2 cm（×1），电炉，水浴锅。

四、实验试剂

蛋白质溶液［2%卵清蛋白或新鲜鸡蛋清溶液（蛋清∶水 = 1∶9）］100 mL，0.5%甘氨酸溶液80 mL，0.1%茚三酮溶液50 mL，0.1%茚三酮-乙醇溶液20 mL。

五、实验操作

（1）取2支试管分别加入蛋白质溶液和甘氨酸溶液1 mL，再加0.5 mL 0.1%茚三酮溶液，混匀，在沸水浴中加热1～2 min，观察颜色由粉红色变紫红色再变蓝。

（2）在一小块滤纸上滴一滴0.5%甘氨酸溶液，风干后，再在原处滴一滴0.1%茚三酮-乙醇溶液，在微火旁烘干显色，观察紫红色斑点的出现。

【注意事项】

（1）茚三酮应当天配制，且必须在 pH 5～7 下进行。

（2）不要把茚三酮试剂滴到皮肤上，否则将把皮肤染成蓝紫色。

（3）蛋清溶液须新鲜配制，如现象不很明显，可适当减少蛋清的稀释倍数。

思考题

（1）通过此实验你掌握了几种鉴定蛋白质和氨基酸的方法？它们的原理是什么？

（2）蛋白质及氨基酸的呈色反应有什么差别？

（3）能否利用茚三酮反应准确鉴定蛋白质的存在，为什么？

请在表 3-6 中填写茚三酮反应实验现象。

表 3-6　茚三酮反应实验现象记录

操作	现象	现象解释
加入蛋白质溶液		
加入 0.5%甘氨酸溶液		
滤纸风干		

Ⅲ　蛋白质的沉淀反应

一、实验目的

（1）加深对蛋白质胶体溶液稳定因素的认识。

（2）了解蛋白质沉淀反应、变性作用和凝固作用的原理和它们的相互联系。

（3）学习盐析等生物化学的操作技术。

二、实验原理

在水溶液中的蛋白质分子由于表面生成水化层和双电层而成为稳定的亲水胶体，在一定的理化因素影响下，蛋白质颗粒因失去电荷而脱水甚至变性，并以固态形式从溶液中析出，这个过程为蛋白质的沉淀反应。

蛋白质的沉淀反应可分为两类。

（1）可逆的沉淀反应　此时蛋白质分子的结构尚未发生显著变化，除去引起沉淀的因素后，蛋白质的沉淀仍能溶解于原来的溶剂中，并保持其天然性质而不变性。如大多数蛋白质的盐析作用、在低温下用乙醇（或丙酮）短时间作用以及利用等电点的沉淀。提纯蛋白质时，常利用此类反应。

（2）不可逆沉淀反应　此时蛋白质分子内部结构、空间构象遭到破坏，蛋白质失去原来的天然性质常变性而沉淀，不再溶于原来溶剂中。加热引起的蛋白质沉淀与凝固，蛋白质与重金属离子或某些有机酸的反应都属于此类。

蛋白质变性后，有时由于维持溶液稳定的条件仍然存在（如电荷），并不析出。因此变性蛋白质并不一定都表现为沉淀，而沉淀的蛋白质也未必都已变性。

三、实验器材

1.5 cm×15 cm 试管（×8），5 cm 吸管（×3），2 cm 吸管（×1），吸滤瓶 500 mL，布氏漏斗。

四、实验试剂

蛋白质溶液［5%卵清蛋白溶液或鸡蛋清的水溶液（新鲜鸡蛋清∶水=1∶9）］250 mL，饱和硫酸铵溶液 250 mL，硫酸铵结晶粉末 1000 g，3%硝酸银溶液 10 mL。

五、实验操作

1．蛋白质的盐析

无机盐（硫酸铵、硫酸盐、氯化钠等）浓溶液能析出蛋白质。盐的浓度不同，析出的蛋白质也不同。

如球蛋白可在半饱和硫酸铵溶液中析出，而清蛋白则在饱和硫酸铵溶液中才能析出。

由盐析获得的蛋白质沉淀，当降低其盐溶液浓度时，又能再溶解，故蛋白质的盐析作用是可逆过程。

加 5%卵清蛋白溶液 5 mL 于试管中，再加等量的饱和硫酸铵溶液，混匀后静置数分钟后析出球蛋白的沉淀。倒出少量混浊沉淀，加少量水，混匀后，将管内混合物过滤，再向滤液中添加硫酸铵粉末到不再溶解为止，此时析出的沉淀为清蛋白。

取出部分清蛋白，加少量蒸馏水，观察沉淀的再溶解。

2．重金属离子沉淀蛋白质

重金属离子与蛋白质结合成不溶于水的复合物。

取一支试管，加入蛋白质溶液 2 mL，再加 3%硝酸银溶液 1～2 滴，振荡试管，有沉淀产生。放置片刻，倾出上清液，向沉淀中加入少量的水，观察沉淀是否溶解。

【注意事项】

（1）蛋白质的盐析实验，应先加蛋白质溶液，后加饱和硫酸铵溶液。

（2）固体硫酸铵若加至过饱和则有结晶析出，勿将其与蛋白质沉淀混淆。

思考题

（1）为什么医生常常使用 75%左右的酒精杀菌而不使用 95%以上浓度的酒精杀菌？

（2）在重金属汞、铅、铬等中毒事件中，常用蛋清作为解毒剂，其依据是什么？

实验二 蛋白质含量测定

Ⅰ 紫外吸收法测定蛋白质含量

一、实验目的

（1）了解紫外吸收法测定蛋白质浓度的原理。

（2）熟悉紫外分光光度计的操作技术。

二、实验原理

蛋白质分子中，酪氨酸、苯丙氨酸和色氨酸残基的苯环含有共轭双键，使蛋白质具有吸收紫外光的性质。吸收高峰在 280 nm 处，其吸光度与蛋白质浓度成正比，通过制作标准曲线，可以进行蛋白质浓度（含量）的测定。

紫外吸收法简便、灵敏、快速，不消耗样品，测定后仍能回收使用。低浓度的盐，例如生化制备中常用的$(NH_4)_2SO_4$等和大多数缓冲液不干扰测定。特别适用于柱色谱洗脱液的快速连续检测，因为此时只需测定蛋白质浓度的变化，而不需知道其绝对值。

此法的特点是测定蛋白质含量的准确度较差，干扰物质多，在用标准曲线法测定蛋白质含量时，对那些与标准蛋白质中酪氨酸和色氨酸含量差异大的蛋白质，有一定的误差。故该法适于用测定与标准蛋白质氨基酸组成相似的蛋白质。若样品中含有嘌呤、嘧啶及核酸等吸收紫外光的物质，会出现较大的干扰。核酸的干扰可以通过查校正表，再进行计算的方法，加以适当的校正。

此外，进行紫外吸收法测定时，由于蛋白质吸收高峰常因 pH 的改变而有变化，因此要注意溶液的 pH 值，测定样品时的 pH 要与测定标准曲线的 pH 相一致。

三、实验器材

可见光分光光度计，旋涡混合器，试管，微量移液器，容量瓶。

四、实验试剂

（1）标准蛋白质溶液：用牛血清蛋白（BSA），配制成 1.0 mg/mL 的标准蛋白质溶液。

（2）未知样品：约 0.5 mg/mL 的牛血清蛋白（BSA）。

（3）0.9% NaCl。

五、实验操作

（1）取 8 支试管，按表 3-7 中顺序，分别加入样品和试剂。未知样品的加样量见表 3-7 中的第 7、8 号管。

表 3-7 紫外吸收法测定蛋白浓度标准曲线方案

操作项目	1	2	3	4	5	6	7	8
标准蛋白质溶液加量（1.0 mg/mL）/mL	0	1.0	2.0	3.0	4.0	5.0	—	—
未知样品加量/mL	—	—	—	—	—	—	3.0	3.0
蒸馏水加量/mL	5.0	4.0	3.0	2.0	1.0	0	0	0
$A_{280\ nm}$								

（2）混匀，即可开始用比色皿，在分光光度计上测定各样品在 280 nm 处的光吸收值 $A_{280\ nm}$，空白对照为第 1 号试管。

（3）标准曲线制作：用标准蛋白浓度（mg/mL）为横坐标，用吸光度值 $A_{280\ nm}$ 为纵坐标，作图，即得到一条标准曲线。

（4）样品测定：根据标准曲线，由测出的未知样品的 $A_{280\ nm}$ 值可查出未知样品的蛋白质浓度，并可算出含量。

【注意事项】

（1）比色测定时需要使用石英比色皿。

（2）样品应在溶解透明状态下进行测定，若蛋白质不溶解会对入射光产生反射、散射等，引起测定吸光度偏高。

（3）若吸光度偏高，可以将样品适当稀释后再比色测定。

思考题

（1）蛋白质浓度的紫外吸收法的原理是什么？

（2）紫外吸收法有什么优缺点？

（3）如何鉴别蛋白质与核酸？

Ⅱ 考马斯亮蓝染色法测定蛋白质含量

一、实验目的

学习并掌握考马斯亮蓝染色法测定蛋白质浓度的原理和操作技术。

二、实验原理

考马斯亮蓝 G-250 染料，在酸性溶液中与蛋白质结合，使染料的最大吸收峰的位置（λ_{max}）由 465 nm 变为 595 nm，溶液的颜色也由棕黑色变为蓝色。经研究认为，染料主要是与蛋白质中的碱性氨基酸（特别是精氨酸）和芳香族氨基酸残基相结合。

在 595 nm 下测定的吸光度值 $A_{595\,nm}$，与蛋白质浓度成正比。

考马斯亮蓝染色法（Bradford）的突出优点是：

（1）灵敏度高，据估计比 Folin-酚试剂法（Lowry）约高四倍，其最低蛋白质检测量可达 1 μg。这是因为蛋白质与染料结合后产生的颜色变化很大，蛋白质-染料复合物有更高的消光系数，因而光吸收值随蛋白质浓度的变化比 Lowry 法要大得多。

（2）测定快速、简便，只需加一种试剂。完成一个样品的测定，只需要 5 min 左右。由于染料与蛋白质结合的过程，大约只要 2 min 即可完成，其颜色可以在 1 h 内保持稳定，且在 5～20 min 之间，颜色的稳定性最好。因而完全不用像 Lowry 法那样费时和严格地控制时间。

（3）干扰物质少。如干扰 Lowry 法的 K^+、Na^+、Mg^{2+}、Tris 缓冲液、蔗糖等糖、甘油、巯基乙醇、EDTA 等均不干扰此测定法。

此法的缺点是：

（1）由于各种蛋白质中的精氨酸和芳香族氨基酸的含量不同，因此 Bradford 法用于不同蛋白质测定时有较大的偏差，在制作标准曲线时通常选用γ-球蛋白为标准蛋白质，以减少这方面的偏差。

（2）仍有一些物质干扰此法的测定，主要的干扰物质有去污剂、Triton X-100、十二烷基硫酸钠（SDS）和 0.1 mol/L 的 NaOH（如同 0.1 mol/L 酸干扰 Lowry 法一样）。

（3）标准曲线也有轻微的非线性，因而不能用 Lambert-Beer 定律进行计算，而只能用标准曲线来测定未知蛋白质的浓度。

三、实验器材

可见光分光光度计，旋涡混合器，试管，微量移液器，容量瓶，量筒，电子天平。

四、实验试剂

（1）标准蛋白质溶液：用牛血清蛋白（BSA）配制 1.0 mg/mL 的标准蛋白质溶液。

（2）考马斯亮蓝 G-250 染色液：称 100 mg 考马斯亮蓝 G-250，溶于 50 mL 95% 的乙醇后，再加入 120 mL 85%的磷酸，用水稀释至 1 L。

（3）未知样品：约 0.5 mg/mL 的牛血清蛋白（BSA）。

（4）0.9% NaCl。

五、实验操作

1. 标准曲线的绘制

（1）取 8 支试管，按表 3-8 中顺序，分别加入样品和试剂，即用 1.0 mg/mL

的标准蛋白质溶液分别加入各试管：0、0.01 mL、0.02 mL、0.03 mL、0.04 mL、0.05 mL。最后各试管中分别加入 3.0 mL 考马斯亮蓝 G-250 试剂，每加完一管，立即在旋涡混合器上混合（注意不要太剧烈，以免产生大量气泡而难于消除）。未知样品的加样量见表 3-8 中的第 7、8 号管。

（2）混匀，室温（20～25 ℃）放置 15 min，即可开始用比色皿，在分光光度计上测定各样品在 595 nm 处的光吸收值 $A_{595\ nm}$，空白对照为第 1 号试管。

表 3-8 考马斯亮蓝测定蛋白浓度标准曲线方案

操作项目	1	2	3	4	5	6	7	8
1.0 mg/mL 标准蛋白质溶液加量/mL	0	0.01	0.02	0.03	0.04	0.05	—	—
未知样品加量/mL	—	—	—	—	—	3.0	0.05	0.05
染色液加量/mL	3.0	3.0	3.0	3.0	3.0	—	3.0	3.0
混匀，室温（20～25 ℃）放置 15 min								
$A_{595\ nm}$								

（3）标准曲线绘制：用标准蛋白质质量（μg）为横坐标，用吸光度值 $A_{595\ nm}$ 为纵坐标，作图，即得到一条标准曲线。

2. 样品测定

再次利用分光光度计测定未知样品 $A_{595\ nm}$ 值后，根据上面制作的标准曲线，即可查出未知样品的蛋白质含量。如，0.5 mg 牛血清蛋白 1 mL 溶液的 $A_{595\ nm}$ 约为 0.50。

【注意事项】

（1）比色皿要选用石英比色皿。

（2）本方法适用于一般的半定量测定，也适用于纯蛋白质的定量测定。由于蛋白质的紫外吸收高峰常因 pH 的改变而有变化，故用本方法时要注意溶液的 pH 值。

思考题

（1）考马斯亮蓝染色法的原理的什么？

（2）考马斯亮蓝染色法有什么优缺点？

（3）如何提高考马斯亮蓝染色法的准确性？

Ⅲ 双缩脲法测定蛋白质浓度

一、实验目的

掌握双缩脲法测定蛋白质浓度的原理及方法。

二、实验原理

具有两个或两个以上肽键的化合物都有双缩脲反应。在一定的浓度范围内，蛋白质含量与双缩脲反应所呈颜色深浅成正比，可用定量测定。

此实验综合了蛋白质结构、性质等知识，并应用了生化实验中的重要操作技术——分光光度法对蛋白质的浓度进行定量的测定。

三、实验器材

容量瓶 100 mL（×6），试管（×8），吸管若干，分光光度计。

四、实验试剂

（1）双缩脲试剂：将 0.17 g $CuSO_4 \cdot 5H_2O$ 溶于约 15 mL 蒸馏水，置于 100 mL 容量瓶中，加入 30 mL 浓氨水、30 mL 冰冷的蒸馏水和 20 mL 饱和氢氧化钠溶液，摇匀，室温放置 1～2 h，再加蒸馏水至刻度，摇匀备用。

（2）卵清蛋白液：约 1 g 卵清蛋白溶于 100 mL 0.9% NaCl 溶液，离心，取上清液，用凯氏定氮法测定其蛋白质浓度。根据测定结果，用 0.9% NaCl 溶液稀释卵清蛋白溶液，使其蛋白质浓度为 2 mg/mL。

（3）未知蛋白液：可用酪蛋白配制。

五、实验操作

（1）标准曲线的绘制：将 6 支 10 mL 容量瓶标号，按表 3-9 加入试剂，即得 6 种不同浓度的蛋白溶液。

表 3-9 双缩脲法测定蛋白质浓度的标准曲线制备

瓶号	2 mg/mL 卵清蛋白液加量/mL	蒸馏水	蛋白质浓度/(mg/mL)
1	1.0	稀释至刻度	0.2
2	2.0	稀释至刻度	0.4
3	3.0	稀释至刻度	0.6
4	4.0	稀释至刻度	0.8
5	5.0	稀释至刻度	1.0
6	6.0	稀释至刻度	1.2

（2）取干净试管 7 支，按 0、1、2、3、4、5、6 标号，1～6 号管分别加入上述不同浓度的蛋白溶液 3.0 mL。0 号为对照管，加入 3.0 mL 蒸馏水。各管加入双缩脲试剂 2.0 mL，充分混匀，即有紫红色出现；用 540 nm 光测定各管光密度，绘制浓度-光密度曲线。

（3）样品液的测定：取未知浓度的蛋白液 3.0 mL 置于试管内，加入双缩脲试剂 2.0 mL，混匀，测其 540 nm 的光密度；对照标准曲线求得未知蛋白浓度。

【注意事项】

（1）血清样品必须新鲜，如有细菌污染或溶血，则不能得到正确的结果。

（2）含脂类较多的血清，可经乙醚（1∶10）抽提一次后再进行测定。

（3）所用酪蛋白需先经凯氏定氮法确定蛋白质的含量。

思考题

（1）如何确定未知样品的用量？

（2）对于作为标准的蛋白质溶液应有何要求？

Ⅳ Folin-酚试剂法（Lowry 法）测定蛋白质含量

一、实验目的

掌握 Folin-酚试剂法测定蛋白质含量的原理和方法。

二、实验原理

Folin-酚试剂法最早是由 Lowry 确定的测定蛋白质浓度的基本方法，之后在生物化学领域得到广泛的应用。此法的显色原理与双缩脲方法是相同的，只是加入了第二种试剂，即 Folin-酚试剂，以增加显色量，从而提高了检测蛋白质的灵敏度。这个方法的优点是灵敏度高，比双缩脲法灵敏得多，缺点是费时较长，要严格控制操作时间，该法标准曲线线性较差，且专一性较差，干扰物质较多。凡干扰双缩脲反应的基团，如—CO—NH_2，—CH_2—NH_2 以及 Tris 缓冲液、蔗糖、硫酸铵、巯基化合物均可干扰 Folin-酚反应，而且对后者的影响还要大得多。此外，酚类、柠檬酸对此反应也有干扰作用。

Folin-酚试剂由甲试剂和乙试剂组成。甲试剂由碳酸钠、氢氧化钠、硫酸铜及酒石酸钾钠组成。蛋白质中的肽键在碱性条件下，与酒石酸钾钠铜盐溶液起作用，生成紫红色络合物。乙试剂是由磷钼酸和磷钨酸、硫酸、溴等组成。此试剂在碱性条件下，易被蛋白质中酪氨酸的酚基还原，呈蓝色，其色泽深浅与蛋白质含量成正比。此法也适用于测定酪氨酸和色氨酸的含量。本法适合测定的蛋白质浓度范围是 0.05～0.5 g/L。

三、实验器材

试管，试管架，移液管，恒温水浴锅，分光光度计。

四、实验试剂

1. 标准蛋白质溶液

结晶牛血清白蛋白或酪蛋白，预先经微量凯氏定氮法测定蛋白质含量，根据其纯度配制成 0.2 mg/mL 蛋白质溶液。

2. Folin-酚试剂

（1）试剂甲 A液：称取10 g Na_2CO_3，2 g NaOH 和0.25 g 酒石酸钾钠，溶解后用蒸馏水定容至500 mL。B液：称取0.5 g $CuSO_4 \cdot 5H_2O$，溶解后用蒸馏水定容至100 mL。

每次使用前将A液50份与B液1份混合，即为试剂甲，其有效期为1 d，A、B液可长期保存。

（2）试剂乙（酚试剂） 试剂乙市上有售。自己配制时，在2 L容积的磨口回流器中加入100 g钨酸钠（$Na_2WO_4 \cdot 2H_2O$）和700 mL蒸馏水，再加50 mL 85%磷酸和100 mL浓盐酸充分混匀，接上回流冷凝管，以小火回流10 h。回流结束后，加入150 g硫酸锂和50 mL蒸馏水及数滴液体溴，开口继续沸腾15 min，驱除过量的溴，冷却后溶液呈黄色（倘若仍呈绿色，再滴加数滴液体溴，继续沸腾15 min）。然后稀释至1 L，过滤，滤液置于棕色试剂瓶中保存，使用前加水稀释，使最终浓度相当于1 mol/L。

3. 待测样品

未知蛋白质样品，作为实际测定所需样品。

五、实验操作

1. 标准曲线制作

（1）取8支试管，编号1～8，按表3-10，依次加入各种试剂，并于660 nm处测定吸光值（$A_{660\ nm}$值）。

表3-10 Folin-酚法测定蛋白浓度的标准曲线制备

操作项目	1	2	3	4	5	6	7	8
标准蛋白质溶液加量/mL	0	0.2	0.4	0.6	0.8	1.0	0	0
未知样品加量/mL	0	0	0	0	0	0	1.0	1.0
蒸馏水加量/mL	1.0	0.8	0.6	0.4	0.2	0	0	0
试剂甲加量/mL	5.0	5.0	5.0	5.0	5.0	5.0	5.0	5.0
摇匀，于室温（20～25 ℃）静置10 min								
试剂乙加量/mL	0.5	0.5	0.5	0.5	0.5	0.5	0.5	0.5
迅速摇匀，室温（20～25 ℃）放置30 min，以1号管为空白对照，测$A_{660\ nm}$								
$A_{660\ nm}$								

（2）绘制标准曲线：以$A_{660\ nm}$值为纵坐标，标准蛋白质含量为横坐标，在坐标纸上绘制标准曲线。

2. 未知样品蛋白质浓度测定

取2支试管，编号7～8，按上表顺序依次加入各种试剂，并于660 nm处测定$A_{660\ nm}$值。

3. 结果计算

利用未知样品的光吸收平均值和标准曲线，求出该样品的浓度或含量。

【注意事项】

（1）Folin-酚试剂乙在酸性条件下较稳定，而 Folin-酚试剂甲是在碱性条件下与蛋白质作用生成碱性的铜-蛋白质溶液。当 Folin-酚试剂乙加入后，应迅速摇匀，使还原反应产生在磷钼酸-磷钨酸试剂被破坏之前。

（2）该法受温度与显色时间影响较大，要注意控制在同一条件下进行。

（3）其他酚类物质及柠檬酸对此反应有干扰。

思考题

（1）Folin-酚试剂测定蛋白质含量的原理是什么？含有哪种氨基酸的蛋白质能与 Folin-酚试剂反应而成蓝色？

（2）有哪些因素可干扰 Folin-酚测定蛋白质含量？

（3）Folin-酚测定蛋白质含量和双缩脲法比较，哪个更加灵敏？

实验三　牛乳中蛋白质的分离和提取

一、实验目的

（1）掌握等电点法沉淀蛋白质的原理和操作方法；

（2）掌握离心、抽滤等生化实验技术。

二、实验原理

牛乳和羊乳中含丰富的蛋白质，其中主要是酪蛋白。酪蛋白在羊乳中约占总蛋白量的 3/4，在牛乳中约占总蛋白量的 5/6。酪蛋白是一种含磷蛋白的不均一混合物。

蛋白质在 pH 等于其等电点 pI 溶液中溶解度降低。根据这个原理，将牛乳的 pH 调整至 4.7，即酪蛋白的等电点时，酪蛋白即沉淀出来。用乙醇和乙醚除去酪蛋白沉淀中不溶于水的脂肪，得到纯的酪蛋白。除去酪蛋白的滤液中，尚含有球蛋白、清蛋白等多种蛋白质。

三、实验器材

恒温水浴锅，普通离心机，精密 pH 试纸或酸度计，抽滤瓶装置，电子天平，托盘天平，表面皿，离心管，烧杯，量筒，吸管。

四、实验材料与试剂

1. 实验材料

纯鲜牛奶。

2. 实验试剂

（1）0.2 mol/L pH 4.7 醋酸-醋酸钠缓冲液（配制方法如下）　先分别配制 A 液和 B 液。A 液（0.2 mol/L 醋酸钠溶液）：称取分析纯醋酸钠（NaAc · $3H_2O$）27.22 g 溶于蒸馏水中，定容至 1000 mL。B 液（0.2 mol/L 醋酸溶液）：称取分析纯冰醋酸（含量大于 99.8%）12.0 g 溶于蒸馏水中，定容至 1000 mL。

取 A 液 885 mL 和 B 液 615 mL 混合，即得 pH 4.7 的醋酸-醋酸钠缓冲液 1500 mL。

（2）95%乙醇。

（3）无水乙醚。

（4）无水乙醇-无水乙醚混合液（1∶1，体积比）。

（5）1%NaOH。

（6）10%冰醋酸。

五、实验操作

（1）取 10 mL 鲜牛乳，置于 50 mL 烧杯中，加热至 40 ℃。在搅拌下慢慢加入预热至 40 ℃、pH 4.7 的醋酸-醋酸钠缓冲溶液 10 mL，用精密 pH 试纸或酸度计检查 pH（用 10%冰醋酸溶液或 1%NaOH 调至 pH 4.7），静置冷却至室温。

（2）悬浮液出现大量沉淀后，转移至离心管中，在 3500 r/min 下离心 10 min，弃去上清液，所得沉淀为酪蛋白的粗制品。

（3）蒸馏水洗涤沉淀：向沉淀中加入 20 mL 蒸馏水，用玻棒充分混合，在 3500 r/min 下离心 10 min，弃去上清液。

（4）用乙醇、乙醚洗涤沉淀：向沉淀中加入 20 mL 95%乙醇，用玻棒充分搅匀，将其转移到布氏漏斗中抽滤。再用 20 mL 无水乙醇-无水乙醚混合液洗涤沉淀 1 次，抽干。最后用 20 mL 乙醚洗涤沉淀 1 次，抽干制得酪蛋白。

（5）将酪蛋白白色粉末摊在表面皿上风干，得酪蛋白纯品。

（6）准确称重，计算含量（g/100 mL）和得率（%）。

$$\text{含量} = \text{酪蛋白质量}/\text{牛奶体积}$$

$$\text{得率} = (\text{测量含量} \div \text{理论含量}) \times 100\%$$

式中，理论含量为 3.5 g/100 mL 牛乳。

【注意事项】

离心前，离心管（包括管套）盛好样液后一定要用托盘天平平衡。

思考题

（1）制备高产率纯酪蛋白的关键是什么？

（2）夏天，鲜牛奶如果不煮沸，放置在室温下一段时间，牛奶会有酸味，同时有白色的絮状物或沉淀出现，这是什么原因？

实验四　氨基酸的分离鉴定（纸色谱法）

一、实验目的

通过氨基酸的分离，学习纸色谱法的基本原理及操作方法。

二、实验原理

纸色谱法是用滤纸作为惰性支持物的分配色谱法。色谱溶剂由有机溶剂和水组成。

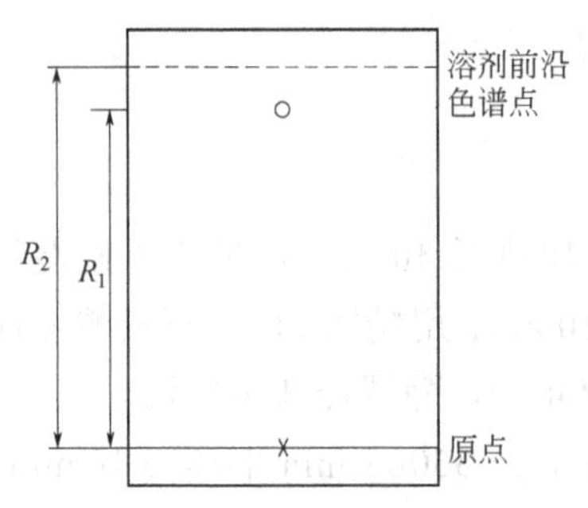

图 3-2　纸色谱法计算 R_f 值示意图

物质被分离后在纸色谱图谱上的位置是用 R_f 值（比移）来表示的（图 3-2）：

$$R_f = \frac{\text{原点到色谱点中心的距离}R_1}{\text{原点到溶剂前沿的距离}R_2}$$

在一定的条件下某种物质的 R_f 值是常数。R_f 值的大小与物质的结构、性质、溶剂系统、色谱滤纸的质量和色谱温度等因素有关。

此实验综合了氨基酸的分类、性质和结构等知识，运用了生化实验中重要操作技术——纸色谱技术对氨基酸进行分离鉴定。

三、实验器材

色谱缸，毛细管，喷雾器具，培养皿，色谱滤纸（新华一号）。

注意：本实验所用色谱缸是用大的标本缸代替的。若用标准的色谱缸，滤纸平衡后应用长颈漏斗从色谱缸上部小孔中加入扩展剂。

四、实验试剂

（1）扩展剂：4 份体积正丁醇和 1 份体积冰醋酸的水饱和混合物。将 20 mL 正丁醇和 5 mL 冰醋酸放入分液漏斗中，与 15 mL 水混合，充分振荡，静置后分层，放出下层水层。取漏斗内的扩展剂约 5 mL 置于小烧杯中作平衡溶剂，其余的倒入培养皿中备用。

（2）氨基酸溶液：赖氨酸、脯氨酸、缬氨酸、苯丙氨酸、亮氨酸溶液及它们的混合液（各组分浓度均为 0.5%）各 5 mL。

（3）显色剂：0～100 mL 0.1%水合茚三酮正丁醇溶液。

五、实验操作

（1）将盛有平衡溶剂的小烧杯置于密闭的色谱缸中。

（2）取色谱滤纸（长 22 cm、宽 14 cm）一张。在纸的一端距边缘 2～3 cm 处用铅笔划一条直线，在此直线上每间隔 2 cm 作一记号，如图 3-3 所示。

（3）点样 用毛细管将各氨基酸样品分别点在这 6 个位置上，干后再点一次。每点在纸上扩散的直径最大不超过 3 mm。

（4）扩展 用线将滤纸缝成筒状，纸的两边不能接触。将盛有约 20 mL 扩展剂的培养皿迅速置于密闭的色谱缸中，并将滤纸直立于培养皿中（点样的一端在下，扩展剂的液面需低于点样线 1 cm）。待溶剂上升 15～20 cm 时取出滤纸，用铅笔描出溶剂前沿界线，自然干燥或用吹风机热风吹干。

（5）显色 用喷雾器均匀喷上 0.1%水合茚三酮正丁醇溶液，然后置烘箱中烘烤 5 min（100 ℃）用热风吹干即可显出各色谱斑点，如图 3-4 所示。

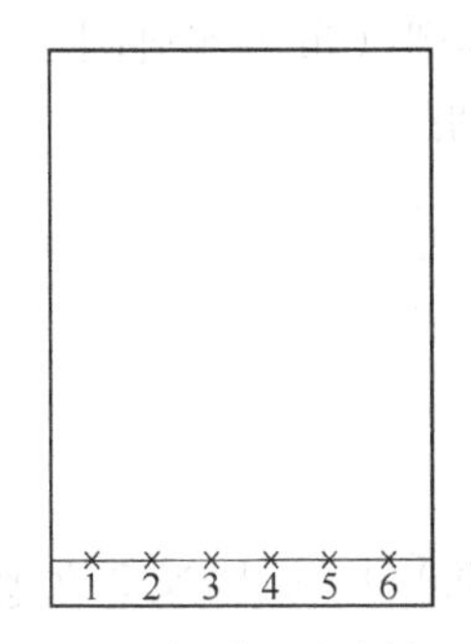

图 3-3 色谱纸点样标记

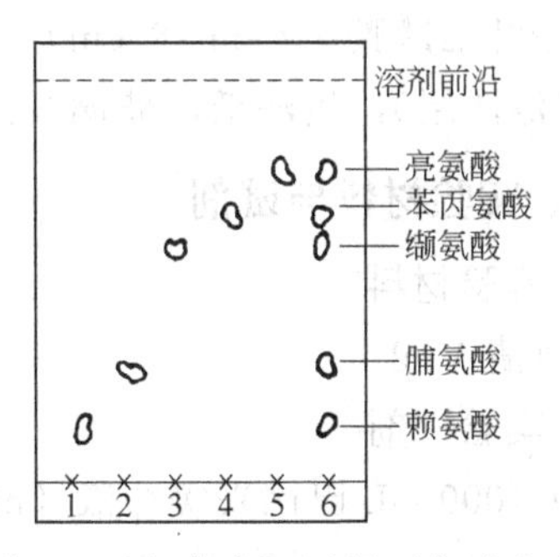

图 3-4 色谱吹干后显示色谱斑点

（6）计算 计算各种氨基酸的 R_f 值。

【注意事项】

点样斑点不能太大（其直径应小于 0.5 cm），防止氨基酸斑点不必要的重叠。吹风温度不宜过高，否则斑点变黄。

思考题

（1）何谓纸色谱法？

（2）何谓 R_f 值？影响 R_f 值的主要因素是什么？

（3）怎样制备扩展剂？

（4）色谱缸中平衡溶剂的作用是什么？

实验五 血清蛋白的醋酸纤维薄膜电泳

一、实验目的

学习醋酸纤维薄膜电泳的操作，了解电泳技术的一般原理。

二、实验原理

醋酸纤维薄膜电泳是用醋酸纤维薄膜作为支持物的电泳方法。醋酸纤维薄膜由二乙酸纤维素制成，它具有均一泡沫样的结构，厚度仅 120 μm，有强渗透性，对分子移动无阻力，作为区带电泳的支持物进行蛋白电泳有简便、快速、样品用量少，应用范围广，分离清晰，没有吸附现象等优点。目前已广泛用于血清蛋白、脂蛋白、血红蛋白、糖蛋白和同工酶的分离及免疫电泳中。

此实验综合蛋白质的组成、结构和性质等知识，并应用了生化实验技术中重要的操作技术——电泳技术对混合蛋白中不同的氨基酸进行分离和鉴别。

三、实验器材

醋酸纤维薄膜（2 cm×8 cm），常压电泳仪，点样器（市售或自制），培养皿（染色及漂洗用），粗滤纸，玻璃板，竹镊，白磁反应板。

四、实验材料与试剂

1. 实验材料

人血清 5 mL。

2. 实验试剂

（1）1000 mL 巴比妥缓冲液（pH 8.6，离子强度 0.07）：巴比妥 2.76 g，巴比妥钠 15.45 g，加水至 1000 mL。

（2）300 mL 染色液：氨基黑 10B 0.25 g，甲醇 50 mL，冰醋酸 10 mL，水 40 mL（可重复使用）。

（3）2000 mL 漂白液：甲醇或乙醇 45 mL，冰醋酸 5 mL，水 50 mL。

（4）透明液：无水乙醇 7 份，冰醋酸 3 份。

五、实验操作

（1）浸泡　用镊子取醋酸纤维薄膜 1 张（识别出光泽面与无光泽面，并在角上用笔做上记号）放在缓冲液中浸泡 20 min。

（2）点样　把醋酸纤维膜从缓冲液中取出，夹在两层滤纸内吸干多余的液体，然后平铺在玻璃板上（无光泽面朝上），将点样器先在放置在白磁反应板上的血清中沾一下，再在膜条一端 2～3 cm 处轻轻地水平地落下并随即提起，这样即在膜条上点上了细条状的血清样品。

（3）电泳　在电泳槽内加入缓冲液，使两个电极槽内的液面等高，将膜条平悬于电泳槽支架上。先剪裁尺寸合适的滤纸条，取双层滤纸条附着在电泳槽的支架上，使它的一端与支架的前沿对齐，而另一端浸入电极槽的缓冲液内，安装如图 3-5 所示。用缓冲液将滤纸全部浸润并驱除气泡，使滤纸紧贴在支架上，即为滤纸桥（它是联系醋酸纤维薄膜和两极缓冲液之间的“桥梁”）。膜条上点样的一端靠近负极。盖严电泳室。通电。调节电压至 160 V，电流强度 0.4～0.7 mA/cm，电泳时间约为 25 min。

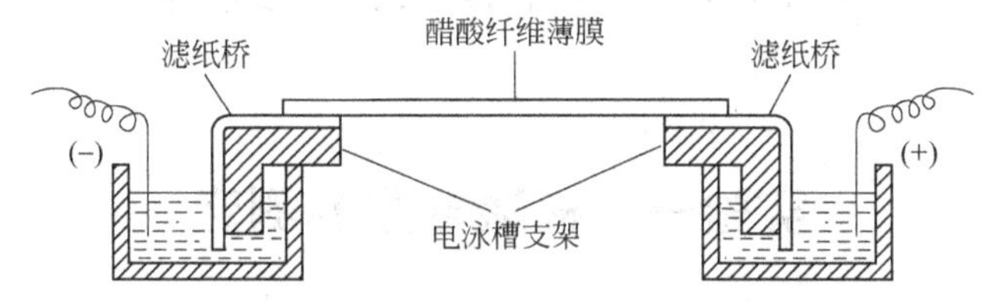

图 3-5　醋酸纤维薄膜电泳装置示意图

（4）染色　电泳完毕后将膜条取下并放在染色液中浸泡 10 min。

（5）漂白　将膜条从染色液中取出后移至漂洗液中洗数次至无蛋白区底色脱净为止，可得色带清晰的电泳图谱，如图 3-6 所示。

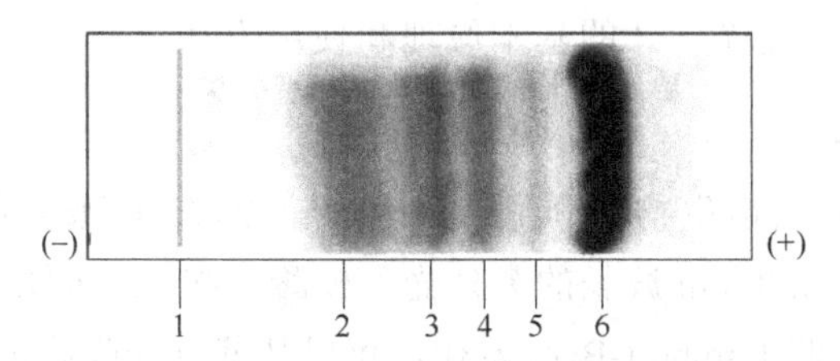

图 3-6　醋酸纤维薄膜血清蛋白电泳图谱示意图

1—点样线；2—γ 球蛋白；3—β 球蛋白；4—α2 球蛋白；5—α1 球蛋白；6—清蛋白

定量测定时可将膜条用滤纸压平吸干，按区带分段剪开，分别浸在体积 0.4 mol/L 氢氧化钠溶液中 0.5 h，并剪取相同大小的无色带膜条作空白对照，在 $A_{650\ nm}$ 进行比色。或者将干燥的电泳图谱膜条放入透明液中浸泡 2～3 min 后取出贴于洁净玻璃板上，干后即为透明的薄膜图谱，可用光密度计直接测定。

【注意事项】

（1）保持薄膜清洁，切勿用手指接触薄膜表面，以免油污或污物沾上，影响电泳通路。

（2）如发现有电泳图谱不整齐、分离不清楚、电泳速度慢、清蛋白区带中间部分不着色或染色不足、γ 球蛋白向反方向移动以及薄膜在透明液中溶解等，应检查点样是否均匀、薄膜是否浸透、电泳温度是否过高、薄膜局部是否干燥、薄膜点样端在电泳时正负极是否放反方向或缓冲液是否变质、电泳时薄膜是否无光泽面朝上、标本点样是否过多、电流是否过低、染色是否不足、是否发生电渗现象等。

思考题

（1）用醋酸纤维薄膜做电泳支持物有什么优点？

（2）电泳图谱清晰的关键是什么？如何正确操作？

第四节 核酸化学实验

实验一 核酸含量的测定

Ⅰ 紫外分光光度法测定核酸的含量

一、实验目的

（1）学习紫外分光光度法测定核酸含量的原理和操作方法。

（2）熟悉紫外分光光度计的基本原理和使用方法。

二、实验原理

核酸、核苷酸及其衍生物的分子结构中的嘌呤、嘧啶碱基具有共轭双键系统，能够强烈吸收250～280 nm波长的紫外光。核酸（DNA，RNA）的最大紫外吸收值在260 nm处。按照Lambert-Beer定律，可以从紫外光吸收值的变化来测定核酸物质的含量。

在不同pH溶液中嘌呤、嘧啶碱基互变异构的情况不同，紫外吸收光也随之表现出明显的差异，它们的摩尔消光系数也随之不同。所以，测定核酸物质均应在固定的pH溶液中进行。

核酸的摩尔消光系数（或吸收系数），通常以$\varepsilon(\rho)$来表示，即每升含有1 mol磷的核酸溶液在260 nm波长处的吸光度（即光密度）。核酸的摩尔消光系数不是一个常数，而是根据材料的前处理、溶液的pH和离子强度发生变化。它们的经典数值（pH = 7.0）如下：

$$\text{DNA 的 } \varepsilon(\rho) = 6000 \sim 8000$$

$$\text{RNA 的 } \varepsilon(\rho) = 7000 \sim 10\,000$$

小牛胸腺DNA钠盐溶液（pH = 7.0）的$\varepsilon(\rho) = 6600$，DNA的含磷量为9.2%，含1 μg/mL DNA钠盐的溶液吸光度为0.020。RNA钠盐溶液（pH = 7.0）的$\varepsilon(\rho) = 7700 \sim 7800$，RNA的含磷量为9.5%，含1 μg/mL RNA钠盐溶液的吸光度为0.024。采用紫外吸收法测定核酸含量时，通常规定：在260 nm波长下，浓度为1 μg/mL的DNA钠盐溶液其吸光度为0.020，而浓度为1 μg/mL的RNA溶液其吸光度为0.024。因此，测定未知浓度的DNA（RNA）溶液的吸光度$A_{260\ \text{nm}}$，即可计算出其中核酸的含量。

该法简单、快速、灵敏度高。对于含有微量蛋白质和核苷酸等吸收紫外光物质的核酸样品，测定误差较小；若样品内混杂有大量的上述吸收紫外光物质，测定误差较大，应设法事先除去。

三、实验器材

分析天平，紫外分光光度计，冰浴锅或冰箱，离心机，离心管（10 mL），烧杯（10 mL），容量瓶（50 mL、100 mL），移液管（0.5 mL、2 mL 和 5 mL），药品勺和玻璃棒，试管和试管架。

四、实验材料和试剂

1. 实验材料

核酸样品 DNA 或 RNA。

2. 实验试剂

（1）5%～6%氨水：用 25%～30%氨水稀释 5 倍。

（2）钼酸铵-过氯酸试剂：取 3.6 mL 70%过氯酸和 0.25 g 钼酸铵溶于 96.4 mL 蒸馏水中。

五、实验操作

1. 样品溶液的配制

（1）准确称取待测的核酸样品 0.25 g，加少量蒸馏水调成糊状，再加适量的水，用 5%～6%氨水调至 pH6，定容至 50 mL，配制成 5 g/L 的溶液。

（2）取两支离心管，甲管内加入 2 mL 样品溶液和 2 mL 蒸馏水；乙管内加入 2 mL 样品溶液和 2 mL 钼酸铵-过氯酸沉淀剂（沉淀除去大分子核酸，作为对照）。混匀，在冰浴锅（或冰箱）中放置 30 min 使沉淀完全后，再 3000 r/min 离心 10 min。从甲、乙两管中分别取 0.5 mL 上清液，用蒸馏水定容至 50 mL。

2. 紫外分光光度计测定吸光度

上述甲、乙两稀释液于紫外分光光度计以蒸馏水作空白对照，选用光程为 1 cm 的石英比色杯，在 260 nm 波长下测其吸光度，分别记为 A_1 和 A_2。

3. 计算

样品中核酸的含量（μg）按下列公式计算：

$$\text{样品 DNA（RNA）的含量} = \frac{A_1 - A_2}{0.020\text{（或}0.022\text{）}} \times V \times D$$

式中，0.020（或 0.022）为 DNA（RNA）的消光系数，即浓度为 1 mg/L 的水溶液（pH 为中性）在 260 nm 处，通过 1 cm 光径比色杯时的光吸收值（由于大分子核酸易变性，此值随变性程度不同而异）；V 为被测样品溶液的体积；D 为样品溶液测定时的稀释倍数。

样品中核酸的质量分数按下列公式计算：

$$\text{DNA（RNA）的质量分数} = \frac{\dfrac{A_1 - A_2}{0.020\text{（或}0.022\text{）}}}{c} \times 100\%$$

式中 c——测定样品溶液的浓度，mg/L。

【注意事项】

（1）要正确规范使用紫外分光光度计，比色皿要选用石英比色皿。

（2）待测核酸样品中含有的微量蛋白质和核苷酸等吸收紫外光物质，产生较小测定误差。但样品内若混杂有大量的上述吸收紫外光物质时，则会产生较大测定误差，需要设法事先除去。

思考题

（1）采用紫外光吸收法测定样品的核酸含量，有何优点及缺点？

（2）若样品中含有核苷酸类杂质，应如何校正？

Ⅱ 二苯胺法测定 DNA 含量

一、实验目的

掌握二苯胺法测定 DNA 含量的原理和方法。

二、实验原理

DNA 分子中 2-脱氧核糖残基在酸性溶液中加热降解，产生 2-脱氧核糖并形成 ω-羟基-γ-酮基戊酸，后者与二苯胺试剂反应产生蓝色化合物。蓝色化合物在 595 nm 处有最大吸收峰，且 DNA 在 20～200 μg/mL 范围内时，吸光度与 DNA 浓度成正比。在反应液中加入少量乙醛，可以提高反应灵敏度。

三、实验器材

坐标纸，吸管，试管，紫外可见分光光度计，恒温水浴锅。

四、实验材料与试剂

（1）DNA 标准溶液：准确称取小牛胸腺 DNA 10 mg，以 0.1 mol/L NaOH 溶液溶解，转移至 50 mL 容量瓶中，用 0.1 mol/L NaOH 溶液稀释至刻度。浓度为 200 μg/mL。

（2）DNA 样品液：用本节实验一提取的 DNA 样品。

（3）二苯胺试剂：使用前称取 1 g 结晶二苯胺，溶于 100 mL 分析纯冰醋酸中，加 60%过氯酸 10 mL 混匀；临用前加入 1 mL 1.6%乙醛溶液。此溶剂应为无色。

五、实验操作

1. 标准曲线的绘制

取干燥试管6支，编为0～5号，按表3-11所示加入试剂。

表3-11 二苯胺法测定DNA含量标准曲线方案

操作项目	管号					
	0	1	2	3	4	5
DNA标准溶液加量/mL	0	0.4	0.8	1.2	1.6	2.0
蒸馏水加量/mL	2.0	1.6	1.2	0.8	0.4	0
二苯胺试剂加量/mL	4.0	4.0	4.0	4.0	4.0	4.0
$A_{595\ nm}$						

加完混匀，于60 ℃恒温水浴中保温1 h，冷却后于595 nm处测定吸光度，以0号管作对照，绘制标准曲线。

2. 样品测定

取试管3支，2支为样品管，1支为对照管。对照管操作与标准曲线0号管相同。向每支样品管中加入2 mL样品液及4 mL二苯胺试剂，60 ℃保温1 h，冷却后于595 nm测定吸光度，以对照管调零点。根据测得的吸光度，从标准曲线上查出相应吸光度的DNA含量。

【注意事项】

（1）该反应灵敏度较低，但方法简便，目前仍广泛使用。

（2）样品中含有少量的脱氧核糖、阿拉伯糖、芳香醛等，能与二苯胺形成各种有色物质，干扰测定。

思考题

（1）二苯胺法测定DNA含量应注意哪些事项？

（2）DNA制品都可以用哪些方法测定其含量？试从它们的原理、准确性等方面加以比较。

实验二 酵母核糖核酸的分离及组分鉴定

一、实验目的

了解核糖核酸的组分，并掌握鉴定核糖核酸组分的方法。

二、实验原理

酵母细胞中RNA含量较多。RNA可溶于碱性溶液，在碱提取液中加入酸性乙醇可以使解聚的核糖核酸沉淀，由此即得 RNA 的粗制品。

核糖核酸含有核糖、嘌呤碱、嘧啶碱和磷酸。加硫酸煮沸可使其水解，从水解液中可以测出上述组分的存在。

此实验综合了核酸组成、结构和性质等知识，并对核酸的组分进行分离和鉴定。

三、实验器材

乳钵，150 mL 锥形瓶，水浴，量筒，布氏漏斗及抽滤瓶，吸管，滴管，试管及试管架，烧杯，离心机，漏斗。

四、实验材料与试剂

1. 实验材料

酵母粉。

2. 实验试剂

（1）1000 mL 0.04 mol/L 氢氧化钠溶液。

（2）500 mL 酸性乙醇溶液（将 0.3 mL 浓盐酸加入 30 mL 乙醇中）。

（3）1000 mL 95%乙醇。

（4）500 mL 乙醚。

（5）200 mL 1.5 mol/L 硫酸溶液。

（6）50 mL 浓氨水。

（7）50 mL 0.1 mol/L 硝酸银溶液。

（8）80 mL 三氯化铁浓盐酸溶液：将 2 mL 10%三氯化铁溶液（用 $FeCl_3 \cdot 6H_2O$ 配制）加入 400 mL 浓盐酸中。

（9）10 mL 苔黑酚乙醇溶液：溶解 6 g 苔黑酚于 100 mL 95%乙醇中（可在冰箱中保存 1 个月）。

（10）定磷试剂　A：17%硫酸溶液　将 17 mL 浓硫酸（密度 1.84 g/mL）缓缓加入 83 mL 水中。B：2.5%钼酸铵溶液　将 2.5 g 钼酸铵溶于 100 mL 水中。C：10%抗坏血酸溶液　10 g 抗坏血酸溶于 100 mL 水中，贮棕色瓶保存（溶液呈淡黄色时可用，如呈深黄色或棕色则失效，需纯化抗坏血酸）。临用时，将上述 3 种溶液与水按如下比例混合：17%硫酸溶液∶2.5%钼酸铵溶液∶10%抗坏血酸溶液∶水 = 1∶1∶1∶1（体积比）。

五、实验操作

1．将 15 g 酵母在乳钵中研磨均匀后，悬浮于 90 mL 0.04 mol/L 氢氧化钠溶液中。

2．将悬浮液转移至 150 mL 锥形瓶中，在沸水浴上加热 30 min 后，冷却，离心（3000 r/min）15 min，将上清液缓缓倾入 30 mL 酸性溶液中，注意要一边搅拌一边缓缓倾入。

3．待核糖核酸沉淀完全后，离心（3000 r/min）3 min，弃上清液，用 95%乙醇洗涤沉淀两次，乙醚洗涤沉淀一次后，再用乙醚将沉淀转移至布氏漏斗中抽滤，沉淀可在空气中干燥。

4．取 200 mg 提取的核糖核酸，加入 1.5 mol/L 硫酸溶液 10 mL 在沸水浴中加热 10 min 制成水解液并进行组分的鉴定。

（1）嘌呤碱：取水解液 1 mL 加入过量浓氨水，然后加入约 1 mL 0.1mol/L 硝酸银溶液，观察有无嘌呤碱的银色沉淀。

（2）核糖：取 1 支试管加入水解液 1 mL、三氯化铁浓盐酸溶液 2 mL 和苔黑酚乙醇溶液 0.2 mL。放沸水浴中 10 min。溶液变成绿色，说明核糖的存在。

（3）磷酸：取 1 支试管，加入水解液 1 mL 和定磷试剂 1 mL。水浴加热，溶液变成蓝色，说明磷酸存在。

【注意事项】

离心时转速应由零缓慢调节到指定转速；离心结束时，应由指定转速缓慢调节到零，再关机。

思考题

（1）如何得到高产量 RNA 粗制品？

（2）本实验中的 RNA 组分是什么？怎样验证？

（3）验证 RNA 中核糖的方法，可否用以检验脱氧核糖，为什么？

实验三　三种腺苷酸的分离

Ⅰ　DEAE-纤维素薄层色谱分离鉴定 AMP、ADP 和 ATP

一、实验目的

（1）学习薄层色谱法的基本原理，了解其优缺点及应用。

（2）掌握薄层色谱的基本操作技术。

（3）应用 DEAE-纤维素薄层色谱分离鉴定 AMP、ADP 和 ATP。

二、实验原理

薄层色谱（TLC）是色谱法中的一种。将吸附剂或者支持剂（有时加入固化剂）均匀地铺在一块玻璃上，形成薄层，把欲分离的样品点在薄层上，然后用适宜的溶剂展开，使混合物得以分离。薄层色谱兼有柱色谱和纸色谱两者的优点：

①快速，展层时间短，一般仅需 15～20min；②既适于分离分析小量样品（几微克至几十微克，甚至少到 0.01 μg），又能分离大于 500 mg 的样品，灵敏度比纸色谱高 10～100 倍；③可以使用腐蚀性的显色剂，如浓硫酸或浓盐酸可直接喷到薄层上；④操作简便，设备简单，容易控制，不受温度的影响；薄层的制备也易于规格化。

薄层色谱发展初期，大多使用硅胶和氧化铝等吸附剂，所以属于吸附色谱。近年来应用纤维素、聚酰胺、离子交换纤维素、葡聚糖凝胶等制薄层，使其具有分配色谱及离子交换色谱的性质，可以广泛应用于生物碱、氨基酸、核酸衍生物、糖类、抗生素、维生素等的分离鉴定。

本实验采用 DEAE-纤维素（二乙氨基乙基纤维素）薄层色谱法分离鉴定 AMP、ADP 和 ATP。DEAE-纤维素的结构如下：

$$\begin{matrix} CH_3-CH_2 \searrow \\ \qquad\qquad N-CH_2-CH_2-\text{纤维素} \\ CH_3-CH_2 \nearrow \end{matrix}$$

它是弱碱性阴离子交换剂，在 pH 3.5 左右，$>N-$ 解离成季铵型，带负电荷的核苷酸离子可被交换上去。各种核苷酸在 pH 3.5 时带电量不同，因此它们和 DEAE-纤维素的亲和力不同，利用这个特点达到分离和鉴定的目的。

三、实验仪器

玻璃板（5 cm×20 cm），色谱缸及支撑物（或 250 mL 烧杯），吸滤装置（布氏漏斗、吸滤瓶及真空泵），玻璃棒及胶布（或自制涂布器），血色素吸管（或毛细管），试管及试管架，吹风机，恒温箱，干燥箱，紫外分析灯（波长 254 nm）。

四、实验试剂

（1）0.5 mol/L 盐酸溶液。

（2）0.025 mol/L 盐酸溶液。

（3）0.5 mol/L 氢氧化钠溶液。

（4）pH 3.5 柠檬酸-柠檬酸钠缓冲溶液：称取 16.20 g 柠檬酸·$2H_2O$，6.70 g 柠檬酸钠·$2H_2O$，溶解在 2000 mL 水中，调 pH 至 3.5。

（5）10 mg/mL 的 AMP、ADP 和 ATP 标准溶液。

（6）各为 10 mg/mL 的 AMP、ADP 和 ATP 混合溶液。

（7）DEAE-纤维素。

五、实验操作

1. DEAE-纤维素的预处理

先用水浸泡 3 h，抽干后用 4 倍体积的 0.5 mol/L 氢氧化钠溶液浸泡 1 h，抽干，用蒸馏水洗到中性。再用 4 倍体积的 0.5 mol/L 盐酸溶液浸泡 0.5 h，抽干，用蒸馏水洗到中性，备用。或在 60 ℃以下烘干备用。

2．铺板

用水把经过预处理的 DEAE-纤维素在烧杯里调成糊状，搅拌均匀后立即倒在干净的玻璃板上，该玻璃板应水平放置，再用玻璃棒由玻璃板的一端向另一端推进，推进操作应一次完成，不来回反复推，而且推进速度力求均匀。玻璃棒必须粗细均匀。采用在玻璃棒两端绕几圈胶布的方法控制所铺的薄层厚度。胶布的圈数应根据涂层的厚度而定（也可用自制涂布器）。薄层的厚度是影响 R_f 值的一个重要因素，只有当薄层的厚度超过 0.15 mm 时，才能得到比较恒定的 R_f 值，最厚可达 1.3 mm，通常采用 0.25 mm 的厚度。无黏合剂的吸附薄层厚度一般为 0.5～1.0 mm。铺板后在室温下放置 30 min 以便吸附剂黏着，然后在 60 ℃恒温箱内烘干，储存在干燥器中备用。

3．点样

在距离 DEAE-纤维素板一端 1.5～2.0 cm 处用铅笔画一条横线，在横线上每隔 1.5～2.0 cm 画一个样品点（见图 3-7）。点样时，用血色素吸管（或毛细管）吸取样品溶液。样品浓度在 5～10 mg/mL 左右，点样量为 5～10 μL（点 2～3 次）。每点一次后用冷风吹干，样品斑点的直径应控制在 2～3 mm 范围内。注意点样应尽量迅速，全部样品最好在 10 min 内完成，以免薄板吸水影响色谱效果。

4．展层

在色谱缸（或 250 mL 烧杯）内倒进约 1 cm 深的 pH 3.5 的柠檬酸缓冲液(约 30 mL)。把点过样的薄板倾斜插入（点样端在下，但不得使溶剂浸没样品点），溶液由下而上流动（见图 3-8），当溶剂前沿到达距薄板上端约 1 cm 处时（25 min 左右），取出薄板，用热风吹干，用 $A_{254\ nm}$ 的紫外灯照射 DEAE-纤维素薄层，核苷酸斑点为暗区，用铅笔圈出斑点。实验结束后应将 DEAE-纤维素回收，经处理可反复使用。

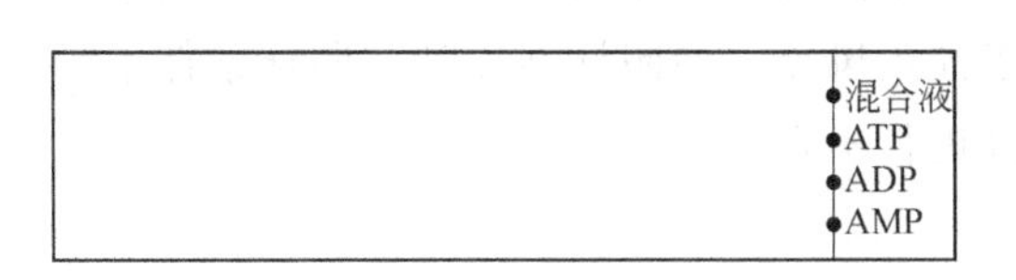

图 3-7 DEAE-纤维素板点样示意图

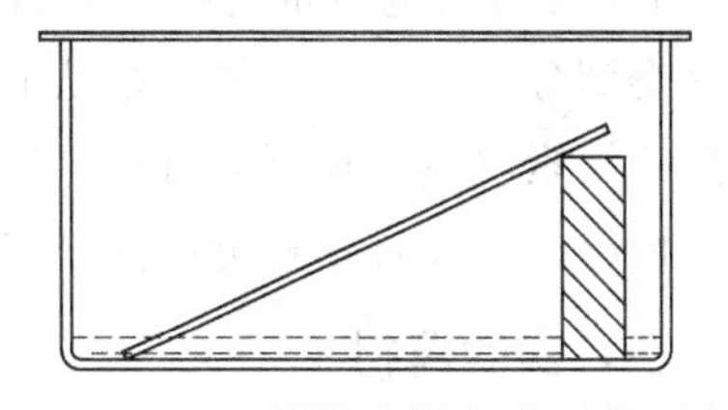

图 3-8 DEAE-纤维素板色谱过程示意图

【注意事项】

（1）铺板用的匀浆不宜过稠或过稀：过稠，板容易出现拖动或停顿造成的层纹；过稀，水蒸发后，板表面较粗糙。

（2）在薄层色谱中，样品的用量对物质的分离效果有很大影响，所需样品的量与显色剂的灵敏度、吸附剂的种类、薄层的厚度均有关系。样品太少，斑点不清楚，难以观察，但样品量太多时往往出现斑点太大或拖尾现象，以至不易分开。

（3）样品溶液的含水量越小越好。样品溶液含水量大，点样斑点扩散大。

思考题

（1）薄层色谱法的优点是什么？

（2）薄层色谱的关键环节是使用具有一定厚度而又均匀的薄层色谱板？影响R_f值的因素是什么？

（3）DEAE-纤维素的结构是怎样的？它为什么不仅能用于分离小分子的核苷酸，还可用于分离具有生物活性的大分子物质（如酶）？怎样预处理DEAE-纤维素？

Ⅱ 醋酸纤维素薄膜电泳分离鉴定三种腺苷酸

一、实验目的

（1）掌握醋酸纤维素薄膜电泳法分离带电颗粒原理。

（2）观察核苷酸类物质的紫外吸收现象。

二、实验原理

带电粒子在电场中向着与其自身带相反电荷的电极移动的现象，称为电泳。控制电泳条件（如pH等），使混合样品中的不同组分带有不同的净电荷，各组分在电场中移动的速度或方向各不相同，从而达到分离各组分的目的，这就是电泳分析法。以醋酸纤维素薄膜作支持物进行电泳分析的方法称为醋酸纤维素薄膜电泳法。

在pH 4.8电泳缓冲液条件下，带有不同量磷酸基团的AMP、ADP、ATP解离之后，带有负电荷量的顺序为ATP＞ADP＞AMP，它们在电场中移动速度不同，从而得到分离。又利用核苷酸类物质的碱基具有紫外吸收性质，将分离后的电泳醋酸纤维素薄膜放在紫外灯下，可见暗红色斑点，参照标准样品在同样条件下的电泳情况，对混合试样分离后的各组分进行鉴定。

三、实验器材

电泳仪，平板式电泳槽，紫外灯，电吹风，医用镊子，醋酸纤维素薄膜（8 cm×12 cm），微量进样器（10 μL或50 μL）。

四、实验试剂

（1）柠檬酸缓冲液（pH 4.8）：称取柠檬酸8.4 g，柠檬酸钠17.6 g，溶于蒸馏水，稀释到 2000 mL。

（2）标准腺苷酸溶液：用蒸馏水将纯 AMP、ADP、ATP 分别配成 100 mg/10 mL 溶液。其中 AMP 需略加热助溶。置冰箱备用。

（3）混合腺苷酸溶液：分别取上述标准液 AMP、ADP、ATP 各 1 份等量混匀。置冰箱备用。

五、实验操作

1. 点样

将醋酸纤维素薄膜放入 pH 4.8 柠檬酸缓冲液中，待膜完全浸透（约 0.5 h）后用镊子取出，夹在清洁的滤纸中间，轻轻吸去多余的缓冲液，仔细辨认薄膜无光泽面，用微量进样器在无光泽面上点样。点样点距薄膜一端 1.5 cm，样点之间距离 1.5 cm。点样量为 2～3 μL，按少量多次原则分 2～3 次点完。

2. 电泳

向两个电泳槽内注入 pH 4.8 的柠檬酸缓冲液，缓冲液的高度约为电泳槽深度的 3/4。(注意：两槽中电泳液面一致)。用宽度与薄膜相同的滤纸作“滤纸桥”连接醋酸纤维素薄膜和两极缓冲液。待滤纸全部被缓冲液浸湿后，将已点样薄膜的无光泽面向下贴在电泳槽支架的“滤纸桥”上。

点样端置于负极方向，盖上电泳槽盖，接通电源，在电场强度为 10 V/cm 的条件下进行电泳，1 h 后关闭电源，取出醋酸纤维素薄膜，用电吹风吹干。

3. 鉴定

用镊子小心地将吹干的薄膜放在紫外灯下观察，用铅笔划出各腺苷酸电泳斑点，并标明各斑点的腺苷酸编号。

绘出三种标准核苷酸及样品的电泳图谱，以标准单核苷酸的迁移率作标准，鉴别试样中各组分。

【注意事项】

（1）电泳前，一定要检查电极正负极与薄膜方向，确定负极接在薄膜的点样一端，因为样品是带负电荷，接通电源后，样品要在薄膜上向正极泳动；确定薄膜的无光泽面朝下。

（2）点样时，要控制点样点的直径为 2～3 mm，点样点不可太大，否则电泳后观察结果不理想。

思考题

（1）说明电泳分离腺苷酸的原理。

（2）分析 AMP、ADP 和 ATP 三种物质的醋酸纤维薄膜电泳分离行为。

第五节 酶学实验

实验一 酶的特性——底物专一性

一、实验目的

了解酶的专一性，学会排除干扰因素，设计酶学实验。

二、实验原理

酶的专一性是指一种酶只能对一种底物或一类底物（此类底物在结构上通常具有相同的化学键）起催化作用，对其他底物无催化作用。如淀粉酶只能催化淀粉水解，对蔗糖的水解并无催化作用。淀粉水解产物为葡萄糖，蔗糖水解产物为果糖及葡萄糖，这两种己糖的半缩醛基可与Benedict试剂反应，生成氧化亚铜的砖红色沉淀。

本实验通过以唾液淀粉酶（内含淀粉酶及少量麦芽糖酶）和蔗糖酶催化淀粉及蔗糖，观察酶的专一性。

三、实验器材

试管1.5 cm×15 cm（×10），试管架，烧杯100 mL（×1）、200 mL（×1），量筒100 mL（×1）、10 mL（×1），玻璃漏斗，竹试管夹，水浴锅。

四、实验材料与试剂

1. 实验材料

（1）唾液淀粉酶溶液：先用蒸馏水漱口，再口含10 mL左右蒸馏水，轻轻漱口，约2 min后吐出收集在烧杯中，即得清澈的唾液淀粉酶原液，根据酶活高低稀释50～100倍，即为唾液淀粉酶溶液。

（2）蔗糖酶溶液：取1 g干酵母放入研钵中，加入少量石英砂和水研磨，加50 mL蒸馏水，静置片刻，过滤即得。

2. 实验试剂

2%蔗糖；1%淀粉溶液（含0.3%氯化钠）。

Benedict试剂：溶解85 g柠檬酸钠和50 g $Na_2CO_3 \cdot 2H_2O$于400 mL蒸馏水中；另溶8.5 g $CuSO_4 \cdot 5H_2O$于50 mL热水中。将硫酸铜溶液缓缓倾入柠檬酸钠-碳酸钠溶液中，边加边搅匀，如有沉淀可过滤除去，此试剂可长期保存。

五、实验操作

1. 检查试剂

取 3 支试管，按表 3-12 操作。

表 3-12 试剂检查测定方案

操作项目	管号		
	0	1	2
1%淀粉溶液加量/mL	—	3	—
2%蔗糖溶液加量/mL	—	—	3
蒸馏水加量/mL	3	—	—
Benedict 试剂加量/mL	2	2	2
沸水浴煮沸 2～3 min			
记录观察结果			

2. 淀粉酶的专一性

取 3 支试管，按表 3-13 操作。

表 3-13 淀粉酶的专一性测定方案

操作项目	管号		
	1	2	3
唾液淀粉酶溶液加量/mL	1	1	1
1%淀粉溶液加量/mL	3	—	—
2%蔗糖溶液加量/mL	—	3	—
蒸馏水加量/mL	—	—	3
摇匀置 37 ℃水浴保温 15 min			
Benedict 试剂/mL	2	2	2
沸水浴煮沸 2～3 min			
记录观察结果			

3. 蔗糖酶的专一性

取 3 支试管，按下表 3-14 操作。

表 3-14 蔗糖酶的专一性测定方案

操作项目	管号		
	1	2	3
蔗糖酶溶液加量/mL	1	1	1
1%淀粉溶液加量/mL	3	—	—
2%蔗糖溶液加量/mL	—	3	—
蒸馏水加量/mL	—	—	3

续表

操作项目	管号		
	1	2	3
摇匀，置 37 ℃水浴保温 15 min			
Benedict 试剂加量/mL	2	2	2
沸水浴煮沸 2～3 min			
记录观察结果			

【注意事项】

（1）恒温水浴锅在使用时，水位一定要超出电热管。沸水浴时间不可过长。

（2）唾液淀粉酶除含淀粉酶外还含有少量麦芽糖酶。

思考题

（1）观察酶专一性实验为什么要设计这 3 组实验？每组各有什么意义？

（2）请写出淀粉类型及其化学结构，蔗糖的结构式。

（3）根据实验结果解释实验现象。

第六节　维生素实验

实验一　维生素 A 的含量测定（比色法）

一、实验目的

学习和掌握维生素 A 的提取和定量测定方法。

二、实验原理

维生素 A（视黄醇）是脂溶性维生素，在氯仿溶液中可与三氯化锑生成不稳定的蓝色物质，称为三氯化锑反应（Carr-Price 反应）。蓝色溶液在 620 nm 处有一吸收高峰。蓝色的深浅与维生素 A 的含量成正比。利用比色法可测知样品维生素 A 含量。由于所生成的蓝色物质不稳定，因而必须在 6 s 内比色完毕。

三氯化锑遇微量水分即可形成氯氧化锑（SbOCl），不再与维生素 A 起反应，因此本实验中所使用的仪器及试剂必须绝对干燥。为了吸收可能混入反应液中的微量水分，可向反应液中加 1～2 滴醋酸酐。

三、实验器材

比色管 15 mL（×6），移液管 10 mL（×1）、5 mL（×1）、1 mL（×6），容量瓶

25 mL（×5），带塞锥形瓶 250 mL，研钵，分光光度计，恒温水浴。

四、实验材料与试剂

（1）鱼肝（或动物肝脏）。

（2）无水硫酸钠（分析纯）。

（3）醋酸酐。

（4）无水氯仿（分析纯） 氯仿分解产物可破坏维生素 A。检查的方法是：在试管中加少量氯仿和水，振荡，加几滴 $AgNO_3$ 溶液，如水层出现白色沉淀，说明氯仿中有分解产物。这时，可在分液漏斗中加水洗涤氯仿数次，再加无水硫酸钠脱水蒸馏。

（5）乙醚（分析纯） 不得含有过氧化物，以免维生素 A 被破坏。过氧化物检验方法：取 5 mL 乙醚，加 1 mL 50%KI，振荡 1 min，如水层呈黄色或加 1 滴淀粉后显蓝色，则证明乙醚中含过氧化物，必须重新蒸馏，直至无过氧化物。

（6）25%三氯化锑-氯仿溶液 称取干燥的三氯化锑 25 g 溶于 50 mL 无水氯仿中，加少许无水硫酸钠，贮存于棕色瓶中，盖严，尽量避免吸收水分的可能。

（7）维生素 A 标准液 准确称取标准维生素 A，置于容量瓶中，用氯仿溶解，配成 100 UI/mL 的标准液。

五、实验操作

1．制作标准曲线

（1）用 25 mL 容量瓶将维生素标准液用氯仿稀释成不同浓度的标准系列（如 10 UI/mL、20 UI/mL、40 UI/mL、60 UI/mL、80 UI/mL、100 UI/mL）。

（2）再取相同数量比色管，按表 3-15 顺次加入 1 mL 氯仿和 1 mL 标准液，各管加入醋酸酐一滴，制成标准比色系列。

（3）然后依次迅速加入三氯化锑-氯仿溶液 8 mL 摇匀，以无水氯仿为参比，在 620 nm 波长处，6 s 内测吸光度。以吸光度为纵坐标，以维生素含量为横坐标，绘制标准曲线图。

表 3-15 比色法测定标准曲线制备

操作项目	管号					
	0	1	2	3	4	5
维生素 A 浓度/(UI/mL)	0	10	20	40	60	80
维生素 A 加量/mL	蒸馏水 1.0 mL	1.0	1.0	1.0	1.0	1.0
氯仿加量/mL	1.0	1.0	1.0	1.0	1.0	1.0
醋酸酐加量	滴入醋酸酐 1 滴					
三氯化锑-氯仿加量	迅速加入 8 mL 溶液摇匀					
$A_{620\ nm}$						

2. 样品测定

（1）精确称取 2～5 g 样品，置于研钵内，加入 3～5 倍样品重量的无水硫酸钠，仔细研磨至样品中的水分完全被吸收。

（2）小心将上述研磨物移入带塞的锥形瓶中，准确加入 50～100 mL 乙醚，盖好塞子，用力振摇 2 min，使样品中维生素 A 溶于乙醚中，使其自行澄清（大约需 1～2 h），或离心澄清（因乙醚易挥发，气温高时应在冰水浴中操作；装乙醚的试剂瓶也应事先放入冰水浴中）。

（3）吸取澄清乙醚提取液 5 mL，放入比色管中，在 70～80 ℃水浴中抽气（通风橱中）蒸干，立即加氯仿 2 mL 溶解残渣，再加一滴醋酸酐和 8 mL 三氯化锑-氯仿溶液，混匀，6 s 内测吸光度。

（4）据所测吸光值从标准曲线上查出待测管中维生素 A 的含量，再根据稀释关系求出样品中维生素 A 的含量。

【注意事项】

（1）维生素 A 极易被光线破坏，实验操作应在微弱光线下进行。

（2）定量测定维生素 A 所用的试剂和器材必须绝对干燥。

（3）氯仿应不含分解物，乙醚不得含有过氧化物，否则会破坏维生素 A。

思考题

（1）比色法测定维生素 A 实验的关键步骤是什么？

（2）含维生素 A 丰富的食物有哪些？

第四章 综合性实验

综合性实验是指实验内容涉及本课程的综合知识或与本课程相关课程知识的实验。是学生经过一个阶段的基础性实验学习后，在具有一定知识和技能的基础上，运用某一门课程甚至多门课程的知识对学生实验技能和方法进行综合训练的一种复合型实验。

建议可在开综合性实验课前组织学生到生化制药之类实习基地进行见习。拓宽学生思维空间，提高学生综合思维能力，以最大限度发挥学生学习的主动性。

更进一步的综合型实验建议安排在生物化学课程设计之后，可以让学生在实验室或实习基地以生产实习的形式进行，从而提高学生生产实践能力。

第一节 糖化学实验

实验一 天然产物中多糖的分离、纯化与鉴定

Ⅰ 多糖的提取、纯化

一、实验目的

了解多糖提取和纯化的一般方法。

二、实验原理

多糖类物质是除蛋白质和核酸之外的又一类重要的生物大分子。早在20世纪60年代，人们就发现多糖复杂的生物活性和功能。它可以调节免疫功能，促进蛋白质和核酸的生物合成，调节细胞的生长，提高生物体的免疫力，具有抗肿瘤、

抗溃疡和抗艾滋病(AIDS)等功效。

由于高等真菌多糖主要是细胞壁多糖，多糖组分主要存在于其形成的小纤维网状结构交织的基质中，利用多糖溶于水而不溶于醇等有机溶剂的特点，通常采用热水浸提后用酒精沉淀的方法，对多糖进行提取。影响多糖提取率的因素很多，如浸提温度、时间、加水量以及脱除杂质的方法等都会影响多糖的得率。

多糖的纯化，就是将存在于粗多糖中的杂质去除而获得单一的多糖组分。一般是先脱除非多糖组分，再对多糖组分进行分级。常用的去除多糖中蛋白质的方法有：Sevag 法、三氟三氯乙烷法、三氯醋酸法，这些方法的原理是使多糖不沉淀而使蛋白质沉淀，其中 Sevag 法脱蛋白效果较好，它是用氯仿∶戊醇或丁醇，以 3∶1 比例混合，加到样品中振摇，使样品中的蛋白质变性成不溶状态，用离心法除去。

本实验采用 Sevag 法（氯仿∶正丁醇＝3∶1 混合摇匀）进行脱蛋白，用 DEAE Sepharose 色谱柱进行纯化，然后合并多糖高峰部分，浓缩后透析，冻干，得多糖组分。

三、实验器材

DEAE Sepharose Fast Flow，真空旋转蒸发仪，摇床，离心机，色谱柱：26 cm×10 mm。

四、实验材料与试剂

1. 实验材料

灰树花子实体。

2. 实验试剂

（1）平衡缓冲溶液　0.01 mol/L Tris-HCl，pH=7.2。

（2）洗脱液　Buffer A：0.1 mol NaCl，0.01 mol Tris-HCl pH=7.2。Buffer B：0.5mol NaCl，0.01 mol Tris-HCl pH=7.2。

3. 其他溶剂

氯仿、正丁醇、乙醇（95%）等，均为分析纯。

五、实验操作

1. 粗多糖的提取

（1）将灰树花子实体切碎烘干后称量，采用热水浸提法，每次原料和水体积比均为 1∶5，浸提温度为 70～80 ℃，浸提时间 3～5 h，共提取 4 次，合并 4 次浸提液。

（2）真空旋转蒸发浓缩，浓缩至原体积的 1/2。

（3）对多糖提取液需进行脱色处理，即以 1%的比例加入活性炭，搅拌均匀

15 min 后过滤即可。

（4）在浓缩液中加入 3 倍体积的乙醇搅拌，沉淀为多糖和蛋白质的混合物，此为粗多糖。

由于得到的粗提液还仅仅是一种多糖的混合物，其中可能存在中性多糖、酸性多糖、单糖、低聚糖、蛋白质和无机盐，必须进一步分离纯化。

2. 粗多糖的纯化

（1）粗多糖溶液加入 Sevag 试剂（氯仿∶正丁醇 = 3∶1，混合摇匀）后，置恒温振荡器中震荡过夜，使蛋白质充分沉淀，离心（3000 r/min）分离，去除蛋白质。

（2）然后浓缩，透析，加入 4 倍体积的乙醇沉淀多糖，将沉淀冻干。

（3）取样品 0.1 g 溶于 10 mL 0.01 mol/L Tris-HCl，pH=7.2 的平衡缓冲液中。

（4）上样，用 Buffer A（0.1 mol NaCl，0.01 mol Tris-HCl pH=7.2），Buffer B（0.5 mol NaCl，0.01 mol Tris-HCl pH=7.2）进行线性洗脱，分部收集。

（5）各管用硫酸苯酚法检测多糖。

（6）合并多糖高峰部分，浓缩后透析，冻干，即得多糖组分。

Ⅱ　多糖的鉴定

一、实验目的

（1）了解薄层色谱法分析单糖组分的原理和方法。

（2）了解红外光谱法鉴定多糖的原理和方法。

二、实验原理

采用薄层色谱法分析单糖组分。薄层色谱显色后，比较多糖水解所得单糖斑点的颜色和 R_f 值与不同单糖标样参考斑点的颜色和 R_f 值，确定样品多糖的单糖组分。

多糖的分析鉴定一般借助于气相色谱（GC）、高效液相色谱（HPLC）、红外光谱（IR）和紫外光谱（UV）等技术，气相（液相）色谱-质谱（GC/HPLC-MS）联用技术成为分析多糖更为有效的手段。

本实验利用红外光谱对多糖进行鉴定。多糖类物质的官能团在红外谱图上表现为相应的特征吸收峰，可以根据其特征吸收峰来鉴定糖类物质。O—H 的吸收峰在 3650～3590 cm^{-1}，C—H 的伸缩振动的吸收峰在 2962～2853 cm^{-1}，C═O 的振动峰为 1670～1510 cm^{-1} 之间的吸收峰，C—H 的弯曲振动吸收峰为 1485～1445 cm^{-1}，吡喃环结构的 C—O 的吸收峰为 1090 cm^{-1}。

三、实验器材

水浴锅，玻璃板，傅里叶变换红外光谱。

四、实验试剂

（1）浓硫酸。

（2）氢氧化钡。

（3）展开剂：正丁醇∶乙酸乙酯∶异丙醇∶醋酸∶乙醇∶水 = 7∶20∶12∶7∶6∶6（体积比）。

（4）显色剂：1,3-二羟基萘硫酸溶液［0.2% 1,3-二羟基萘乙醇溶液∶浓硫酸 = 1∶0.04（体积比）］。

（5）单糖标准品。

五、实验操作

1．单糖组分分析

（1）薄层板制备　称取硅胶 5 g 于 50 mL 烧杯中，加入 12 mL 0.3mol/L 磷酸二氢钠水溶液，用玻璃棒慢慢搅拌至硅胶分散均匀，铺在玻璃板（7.5 cm×10 cm）上，110 ℃活化 1 h。即置有干燥剂的干燥箱中备用。

（2）点样　称取少许的多糖（0.1 g）于 2.0 mL 离心管中，加入 1 mol/L 的硫酸 1 mL，沸水浴水解 2 h，然后加氢氧化钡中和至中性，过滤除去硫酸钡沉淀，得多糖水解澄清液。以此水解液和单糖标准品点样进行薄层色谱展开。用点样器点样于薄层板上，一般为圆点，点样基线距底边 2.0 cm，点样直径为 2～4 mm，点间距离约为 1.5～2.0 cm，点间距离可视斑点扩散情况而定，以不影响检出为宜。点样时必须注意勿损伤薄层表面。

（3）展开　展开室需预先用展开剂饱和色谱装置，将点好样品的薄层板放入展开室的展开剂中，浸入展开剂的深度为距薄层板底边 0.5～1.0 cm（切勿将点样点浸入展开剂中），密封室盖，等展开至规定距离（一般为 10～15 cm），取出薄层板，晾干。

（4）显色　将展开晾干后的薄板再在 100 ℃烘箱内烘烤 30 min，将显色剂均匀地喷洒在薄板上，此板在 110 ℃下烘烤 10 min 即可显色。

薄层显色后，将样品图谱与标准样图谱进行比较，参考斑点颜色、相对位置及 R_f 值，确定样品中有哪几种糖。

2．红外光谱在多糖分析上的应用

将冻干后的样品用 KBr 压片，在 4000～400 cm^{-1} 区间内进行红外光谱扫描，有如下的多糖特征吸收峰：3401 cm^{-1}（O—H），2919 cm^{-1}（C—H），1381 cm^{-1} 及 1076 cm^{-1}（C—O）。在 900 cm^{-1} 处的吸收峰说明该多糖以 β-糖苷键连接。在 N—H 变角振动区 1650～1550cm^{-1} 处有明显的蛋白质吸收峰，表明该样品是多糖蛋白质复合物。

【注意事项】

（1）薄层色谱前应保证色谱缸内有充足饱和的蒸气。否则由于展开剂的蒸发，会使其组分的比例发生改变而影响色谱效果。

（2）由于溶剂的蒸发是从薄板中央向两边递减，导致溶剂前沿呈弯曲状，使斑点在边缘的 R_f 高于中部的 R_f，预先用展开剂饱和色谱装置可以消除这种边缘效应。

思考题

（1）热水浸提法提取多糖的最佳条件是什么？如何提高多糖的提取率？

（2）利用红外光谱对多糖进行鉴定的原理是什么？为什么要制备压片？

第二节　蛋白质化学实验

实验一　总氮量的测定（微量凯氏定氮法）

一、实验目的

理解并掌握凯氏（Kjeldahl）定氮法的原理和操作技术。

二、实验原理

凯氏定氮法是常用的测定天然有机物（如蛋白质、核酸及氨基酸等）的含氮量的方法。微量凯氏定氮法（Micro-Kjeldahl）是目前实验中蛋白质测定的一种减量凯氏定氮法。

凯氏定氮法原理是含氮元素的有机物与浓硫酸共热时，其中的碳、氢两种元素被氧化成二氧化碳和水，而氮则转变成氨，并进一步与硫酸作用生成硫酸铵，此过程通常称为“消化”。但是，这个反应进行得比较缓慢，通常需要加入硫酸钾或硫酸钠以提高反应液的沸点，并加入硫酸铜作为催化剂，以促进反应的进行。甘氨酸的消化过程可表示如下：

$$CH_2NH_2COOH + 3H_2SO_4 \longrightarrow 2CO_2 + 3SO_2 + 4H_2O + NH_3$$

$$2NH_3 + H_2SO_4 \longrightarrow (NH_4)_2SO_4$$

浓碱可使消化液中的硫酸铵分解，游离出氨，借助水蒸气将产生的氨蒸馏到一定含量和一定浓度的硼酸溶液中，硼酸吸收氨后使溶液中的氢离子浓度降低，然后用标准无机酸滴定，直至恢复溶液中原来的氢离子浓度为止，最后根据所用标准酸的物质的量（相当于待测物中的氨的物质的量）计算出待测物中的总氮量。

此实验根据蛋白质中氮的含量恒定的原理，可以任意设计不同的实验材料（含氮物质）和实验操作方法。

三、实验器材

50 mL 消化管或 100 mL 凯氏烧瓶，凯氏定氮蒸馏装置或改进型凯氏定氮仪，50 mL 容量瓶，3 mL 微量滴定管，分析天平，烘箱，电炉，1000 mL 蒸馏烧瓶，小玻璃珠，远红外消煮炉。

四、实验试剂

（1）消化液（过氧化氢：浓硫酸：水 = 3：2：1）200 mL。

（2）粉末硫酸钾-硫酸铜混合物（K_2SO_4 与 $CuSO_4 \cdot 5H_2O$ 以 3：1 配比研磨混合）16 g。

（3）30%氢氧化钠溶液 1000 mL。

（4）2%硼酸溶液 500 mL。

（5）标准盐酸溶液（约 0.01 mol/L）600 mL。

（6）混合指示剂（田氏指示剂）50 mL。该指示剂由 50 mL 0.1%甲基蓝乙醇溶液与 200 mL 0.1%甲基红乙醇溶液混合配成，贮于棕色瓶中备用。这种指示剂酸性时为紫红色，碱性时为绿色。变色范围很窄且灵敏。

（7）市售标准面粉和富强粉各 2 g。

五、实验操作

1. 微量凯氏定氮仪及操作

（1）凯氏定氮仪的构造和安装

凯氏定氮仪主要由蒸汽发生器、反应管及冷凝器三部分组成。实验中常用的凯氏定氮仪有微量凯氏蒸馏装置和改进型凯氏蒸馏装置，微量凯氏蒸馏装置构造见图 4-1。

① 蒸汽发生器包括电炉及一个 1～2 L 容积的烧瓶。蒸汽发生器以橡皮管与反应室相连，反应室上端有一个玻璃杯，样品和碱液可由此加入反应室中，反应室中心有一长玻璃管，其上端通过反应室外层与蒸汽发生器相连，下端靠近反应室的底部。反应室外层下端有一开口，上有一皮管夹，由此可放出冷凝水及反应废液。反应产生的氨可通过反应室上端细管及冷凝器通到吸收瓶中，反应室及冷凝器之间接磨口连接起来，防止漏气。

② 安装仪器时，先将冷凝器垂直地固定在铁架台上，冷凝器下端不要距离实验台太近，以免放不下吸收瓶。然后将反应室通过磨口与冷凝器相连，根据仪器本身的角度将反应管固定在另一铁架台上。这一点务必注意，否则容易引起氨

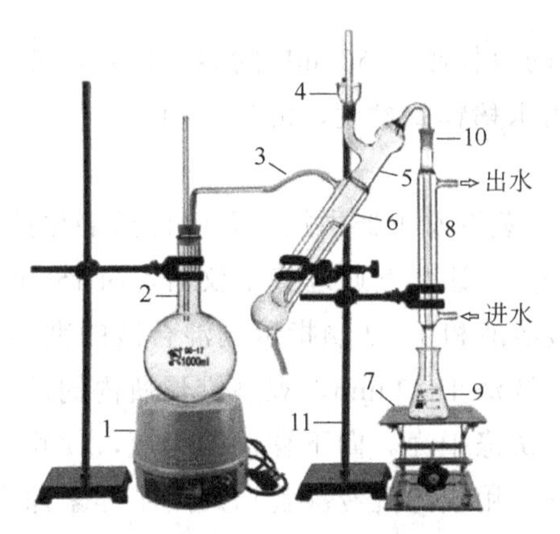

图 4-1　微量凯氏蒸馏装置示意图

1—电炉；2—烧瓶；3—橡皮管；4—玻璃杯；5—反应室；6—反应室外层；
7—升降台；8—冷凝器；9—吸收瓶；10—磨口；11—铁架台

的散失及反应室上端弯管折断。然后将蒸汽发生器放在电炉上，并用橡皮管把蒸汽发生器与反应管连接起来。安装完毕后，不得轻易移动，以免仪器损坏。

（2）样品处理

① 某一固体样品中的含氮量是用 100 g 该物质（干重）中所含氮的质量（g）来表示（%）。因此在定氮前，应先将固体样品中的水分除掉。一般样品烘干的温度都采用 105 ℃，因为非游离的水都不能在 100 ℃以下烘干。

② 在称量瓶中称入一定量磨细的样品，然后置于 105 ℃的烘箱内 4 h。

③ 用坩埚钳将称量瓶放入干燥器内，待降至室温后称重，按上述操作继续烘干样品。每干燥 1 h 后，称重一次，直到两次称量数值不变，即达恒重。

④ 若样品为液体（如血清等），可取一定体积样品直接消化测定。

⑤ 精确称取 0.1 g 左右的干燥面粉作为本实验的样品。

（3）消化

① 取 4 个 100 mL 凯氏烧瓶或 50 mL 消化管并标号，各加 1 颗玻璃珠。

② 在 1、2 号瓶中各加样品 0.1 g，催化剂（K_2SO_4-$CuSO_4 \cdot 5H_2O$）200 mg，消化液 5 mL。注意加样品时应直接送入瓶底，而不要沾在瓶口和瓶颈上。

③ 在 3、4 号瓶中各加入 0.1 mL 蒸馏水和与 1、2 号瓶相同量的催化剂和浓硫酸，作为对照，用以测定试剂中可能含有的微量含氮物质。每个瓶口放一漏斗，在通风橱内的电炉上消化。

④ 消化开始时应控制火力，不要使液体冲到瓶颈上。待瓶内水蒸气消失，硫酸开始分解并放出 SO_2 白烟后，适当加强火力，继续消化，直至消化液呈透明淡绿色为止。

⑤ 消化完毕，等烧瓶中的溶物冷却后，加蒸馏水 10 mL（注意慢加，随加随摇）。

⑥ 冷却后将瓶中的溶物倾入 50 mL 的容量瓶中，并以蒸馏水洗烧瓶数次，将洗液并入容量瓶，用水稀释到刻度，混匀备用。

（4）蒸馏

① 蒸馏器的洗涤　蒸汽发生器中加入几滴硫酸酸化的蒸馏水，关闭皮夹管，将蒸汽发生器中的水烧开，让蒸汽通过整个仪器。约 15 min 后，在冷凝器下端放一个盛有 5 mL 2%硼酸溶液和 1～2 滴指示剂混合液的锥形瓶，冷凝器下端应完全浸在液体中，继续蒸汽洗涤 1～2 min，观察锥形瓶内的溶液是否变色，如不变色则证明蒸馏装置内部已洗涤干净。向下移动锥形瓶，使硼酸液面离开冷凝管约 1 cm，继续通蒸汽 1 min。用水冲洗冷凝管口后用手捏紧橡皮管。此时由于反应室外层蒸汽冷缩，压力减小，反应室内凝结的水可自动吸出进入反应室外层。最后，打开皮管夹，将废水排出。

② 蒸馏过程　取 50 mL 锥形瓶数个，各加 5 mL 硼酸和 1～2 滴指示剂，溶液呈紫色，用表面皿覆盖备用。用吸管取 10 mL 消化液，从蒸馏器玻璃杯注入反应室，塞紧棒状玻璃塞。将一个含有硼酸和指示剂的锥形瓶放在冷凝器下，使冷凝器下端浸在液体内。

用量筒取 30%的氢氧化钠溶液 10 mL 放入玻璃杯，轻提棒状玻璃塞使之流入反应室（为了防止冷凝管倒吸，液体流入反应室必须缓慢）。尚未完全流入时，将玻璃塞紧，向玻璃杯中加入蒸馏水约 5 mL。再轻提玻璃塞，使一半蒸馏水慢慢流入反应室，一半留在玻璃杯中作水封。加热水蒸气发生器，沸腾后夹紧皮管夹，开始蒸馏。此时锥形瓶中的酸溶液由紫色变成绿色。自变色时起计时，蒸馏 3～5 min。移动锥形瓶，使硼酸液面离开冷凝管约 1 cm，并用少量的蒸馏水洗涤冷凝管口外面。继续蒸馏 1 min，移开锥形瓶，用表面皿覆盖锥形瓶。

蒸馏完毕后，须将反应室洗涤干净。在小玻璃杯中倒入蒸馏水，待水蒸气很足、反应室外层温度很高时，一手轻提棒状玻璃塞使冷水流入反应室，同时立即用另一只手捏紧橡皮管，则反应室外层内水蒸气冷却，重复上述操作。如此冲洗几次后，将皮管夹打开，将反应室外层中的废液排出。再继续下一个蒸馏操作。

待样品和空白消化液均蒸馏完毕后，同时进行滴定。

（5）滴定　全部蒸馏完毕后，用标准盐酸溶液滴定锥形瓶中收集的氨，硼酸指示剂溶液由绿色变淡紫色为滴定终点。

（6）结果计算　总氮量（%）由下式计算：

$$\text{总氮量}=\frac{c(V_1-V_2)\times 0.014\times 100\times \text{消化液总体积}}{\omega\times \text{测定时消化液体积}}$$

式中　c——标准盐酸溶液摩尔浓度；

V_1——滴定样品用去的盐酸溶液平均体积，mL；

V_2——滴定空白消化液用去的盐酸溶液平均体积，mL；

ω——样品质量，g。

若测定的样品含氮部分是蛋白质，则样品中蛋白质含量（%）如下式：

$$样品中蛋白质含量 = 总氮量 \times 6.25$$

若样品中除有蛋白质外，尚有其他含氮物质，则需向样品中加入三氯乙酸，然后测定未加三氯乙酸的样品及加入三氯乙酸后样品上清液中的含氮量，得出非蛋白氮量（%）及总氮量（%），从而计算出蛋白氮量。再进一步算出蛋白质含量。

$$蛋白氮量 = 总氮量 - 非蛋白氮量$$

$$蛋白质量 = 蛋白氮量 \times 6.25$$

2. 改进型凯氏蒸馏装置的结构与安装

（1）蒸汽发生器和反应室　蒸汽发生器有 3 个开口（图 4-2 编号 3、4、5，下同），反应室有 1 个开口（6）。

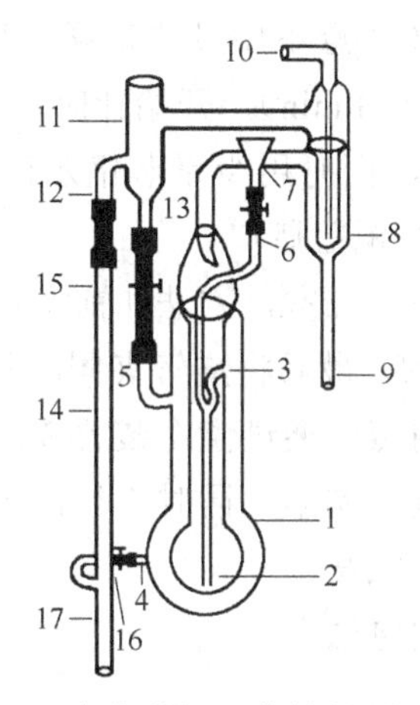

图 4-2　改进型凯氏蒸馏装置示意图

1—蒸汽发生器；2—反应室；3—蒸汽排气孔；4—排水口；5—外源水入口；6—进样口；7—加样漏斗；8—冷凝器；9—冷凝器出口；10—自来水入口；11—通气室；12,13—通气室出口；14—排水柱；15, 16—排水出口；17—冷凝水和废水出口；T—皮管夹

（2）冷凝器和通气室　冷凝器有 2 个开口（9、10），通气室有 2 个开口（12、13）。

（3）排水柱　排水柱有 3 个开口（15、16、17）。

（4）安装时，先将主体部分固定在支架上，其底部放上电炉或酒精灯。然后将 5 与 13、此同时 4 与 16、12 与 15、6 与 7 用橡皮管连接，并夹上自由夹。最后长橡胶管连接进水口 10 和出水口 17。

3. 操作过程

（1）样品处理　同上。

（2）消化　同上。

（3）蒸馏

① 蒸馏器的洗涤　接通冷凝水，从漏斗向蒸汽发生器中加入一定量的水（与排水口高度一致为宜）。用酒精灯将其加热烧开，然后将蒸馏水从加样室加入反应室，水即自动吸出，或者将酒精灯移开片刻，或者打开皮管自由夹，使冷水进入蒸汽发生器，都可使反应室中的水自动吸出，如此反复清洗 3～5 次。清洗后在冷凝管下端放一盛有 5 mL 12%硼酸溶液和 1～2 滴指示剂的混合液的锥形瓶。蒸馏数分钟后，观察锥形瓶内溶液是否变色，如不变色则表明蒸馏装置内部已洗涤干净。

② 蒸馏过程　取 50 mL 锥形瓶数个，各加入 5 mL 12%硼酸液和 1～2 滴指示剂，溶液呈淡紫色，用表面皿覆盖备用。关闭冷凝水，打开自由夹，使蒸汽发生器与大气相通。将一个盛有硼酸和指示剂溶液的锥形瓶放在冷凝器下，并使冷凝器下端浸没在液体内。

用移液管取 5 mL 消化液，由漏斗下端加入反应室，随后将已准备好的 5 mL 30%NaOH 溶液加入，关闭自由夹，在加样漏斗中加少量水做水封。

关闭自由夹打开冷凝水（注意不要过快过猛，以免水溢出）。当观察到锥形瓶中的溶液由紫变绿时（约 2～3 min），开始计时，蒸馏 3 min，移开锥形瓶，使冷凝器下端离开液面约 1 cm，同时用少量蒸馏水洗涤冷凝管口外侧，继续蒸馏 1 min，取下锥形瓶，用表面皿覆盖瓶口。

蒸馏完毕后，应立即清洗反应室，方法如前所述。打开自由夹，将水放出，再加热，再清洗，如此 3～5 次。最后将皮管夹同时打开，将蒸汽发生器内的全部废水换掉。关闭夹子，再使用蒸汽通过整个装置 3 min 后，继续下一次蒸馏。

待样品和空白消化液均蒸馏完毕，同时进行滴定。

（4）滴定　同微量凯氏定氮法。

（5）计算　同微量凯氏定氮法。

【注意事项】

（1）必须仔细检查凯氏蒸馏仪的各个连接处，保证不漏气。

（2）凯氏蒸馏仪必须事先反复清洗，保证洁净。

（3）小心加样，切勿使样品污染凯氏烧瓶口部、颈部，加样品时应直接送入瓶底，而不要沾在瓶口和瓶颈上。

（4）使用消化架消化时，必须斜放凯氏烧瓶（倾斜 45°左右）。火力先小后大，避免黑色消化物溅到瓶口、瓶颈壁上，影响测定结果。

（5）蒸馏时，小心、准确地加热消化液。蒸馏时切忌火力不稳，否则将发生倒吸现象。

（6）滴定前，仔细检查滴定管是否洁净，是否漏液。

（7）蒸馏后应及时清洗蒸馏仪，并把各部分连接处的乳胶管取下，以防老化后黏在玻璃上。

（8）实验中添加硫酸铜-硫酸钾混合物的作用是促进消化，但用量不宜过多，否则消化液的温度过高，使生成的硫酸铵分解，影响含量测定。

（9）消化时应先加固体后加液体，样品加至管底，切勿黏于管壁使消化不完全。

（10）消化完毕，切忌用湿布取出消化管，以防消化管炸裂发生事故。

思考题

（1）何谓消化？如何判断消化终点？

（2）在实验中加入粉末硫酸铜-硫酸钾混合物的作用是什么？

（3）固体样品为什么要烘干？

（4）蒸馏时冷凝管下端为什么要浸没在液体中？

（5）如何证明蒸馏器洗涤干净？

（6）本实验应如何避免误差？

实验二　聚丙烯酰胺凝胶电泳分离血清蛋白

一、实验目的

（1）学习聚丙烯酰胺凝胶电泳原理。

（2）掌握聚丙烯酰胺凝胶垂直板电泳的操作技术。

二、实验原理

聚丙烯酰胺凝胶电泳是以聚丙烯酰胺凝胶为载体的一种区带电泳。该凝胶由丙烯酰胺（Acr）和交联剂 *N*,*N*-甲叉双丙烯聚酰胺（Bis）聚合而成。

Acr 和 Bis 单独存在或混合在一起时是稳定的，且具有神经毒性，操作时应戴手套，避免接触皮肤，但在具有自由基团的体系时就能聚合。引发自由基团的方法有化学法和光化学法两种。化学法的引发剂是过硫酸铵（Ap），催化剂是四甲基乙二胺（TEMED）；光化学法是以光敏感物核黄素来代替过硫酸铵，在紫外光照射下引发自由基团。采用不同浓度的 Acr、Bis、Ap、TEMED 聚合，产生不同孔径的凝胶。因此可按分离物质的大小、形状来选择凝胶浓度。

尽管聚丙烯酰胺凝胶电泳（PAGE）有圆盘型（disc）和垂直板型（vertical slab）之分，但两者的原理完全相同。由于垂直板型具有板薄、易冷却、分辨率高、操作简单、便于比较与扫描的优点，而为大多数实验室采用。

三、实验器材

夹心式垂直板电泳槽，直流稳压电源（电压 300～600 V，电流 50～100 mA），移液管（1 mL，5 mL，10 mL），烧杯（25 mL，50 mL，100 mL），细长头的滴管，1 mL 注射器以及 6 号长针头，微量注射器（10 μL 或者 50 μL），培养皿（直径 120 mm），玻璃板（13 cm×13 cm），玻璃纸两张，日光灯一台。

四、实验材料与试剂

1. 实验材料

人或动物血清。

2. 实验试剂

（1）分离胶缓冲液，Tris-HCl 缓冲液　pH 8.9：取 1 mol/L 盐酸 48 mL，Tris 36.3 g，用无离子水溶解后定容至 100 mL。

（2）浓缩胶缓冲液，Tris-HCl 缓冲液　pH 6.7：取 1 mol/L 盐酸 48 mL，Tris 5.98 g，用无离子水溶解后定容至 100 mL。

（3）电泳缓冲液，Tris-甘氨酸缓冲液　pH 8.3：称取 Tris 6 g，甘氨酸 28.8 g，用无离子水溶解后定容至 1 L。用时稀释 10 倍。

（4）30%Acr-Bis 贮存液　30 g Acr，0.8 g Bis，用无离子水溶解后定容至 100 mL，不溶物过滤去除后置于棕色瓶，贮于冰箱。

（5）考马斯亮蓝 R-250。

（6）其他试剂　TEMED；10%过硫酸铵（新鲜配制）；25%蔗糖溶液；0.05%溴酚蓝溶液；7%冰乙酸溶液。

五、实验操作

1. 安装夹心式垂直板电泳槽

夹心式垂直板电泳槽（图 4-3）操作简单，不易渗漏，这种电泳槽两侧为有机玻璃制成的电极槽，两个电极槽中间夹有一个凝胶膜板，该膜板由一个 U 形硅胶框，长与短玻璃板及样品槽模板所组成（图 4-4）。电泳槽由上贮槽、下贮槽和回纹状冷凝管组成，两个电极槽与凝胶模之间靠贮液槽螺丝固定，各部分按下列顺序组装：

（1）装上贮槽和固定螺丝销钉，竖直在桌面上。

（2）将长短玻璃分别插到 U 形硅胶框的凹形槽中，注意勿用手接触灌胶面的玻璃。

（3）将已插好长玻璃板的凝胶模板平放在下贮槽上，短玻璃板应面对上贮槽。

（4）将下贮槽的销孔对准已装好螺丝销钉的上贮槽，双手以对角线的方式旋紧螺丝帽。

（5）竖直电泳槽，在长玻璃板下端与硅胶框交界的缝隙内加入已融化的 1%琼脂，其目的是封住空隙，凝固后的琼脂中应该避免有气泡。

（6）用蒸馏水试验封口处是否漏水。

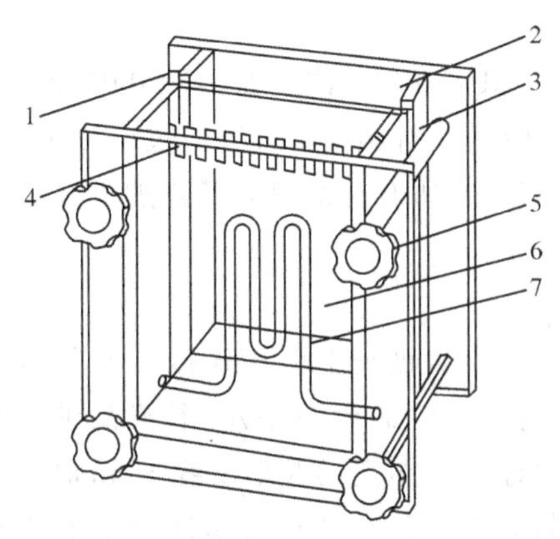

图 4-3　夹心式垂直板电泳槽示意图

1—导线接头；2—上贮槽；3—U 形硅胶框；
4—样品槽模板；5—固定螺丝；
6—下贮槽；7—冷凝管

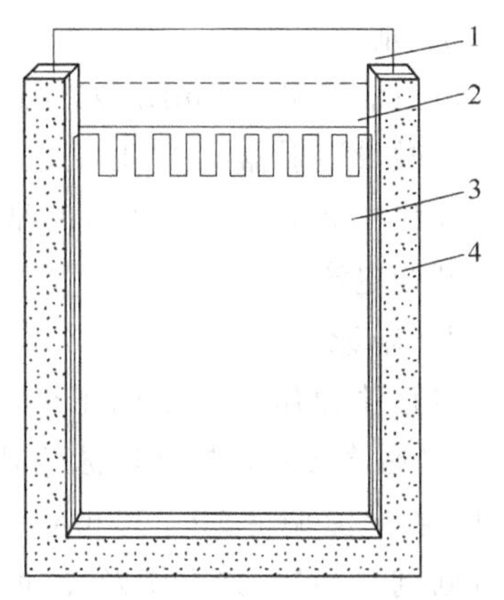

图 4-4　凝胶模板示意图

1—样品槽模板；2—长玻璃片；
3—短玻璃片；4—U 形硅胶框

2. 胶的制备

（1）分离胶制备　取 30% Acr-Bis 贮存液 5.0 mL，Tris-HCl 缓冲液 pH 8.9 2.5 mL，去离子水 12.39 mL，TEMED 0.02 mL 置于小烧杯中混匀，再加入 10% 0.2 mL 过硫酸铵，用磁力搅拌器充分混匀 2 min。混合后的凝胶溶液，用细长头的滴管加至长、短玻璃板间的窄缝内，加胶高度距样品模板梳齿下缘约 1 cm。用 1 mL 注射器在凝胶表面沿短玻璃板边缘轻轻加一层蒸馏水（约 3～4 cm），用于隔绝空气，且使胶面平整。为防止渗漏，在上、下贮槽中加入略低于胶面的蒸馏水。约 30～60 min 凝胶完全聚合，则可看到水与凝固的胶面有折射率不同的界限。用滤纸吸去多余的水，但不要碰破胶面。如需预电泳，则将上下贮槽的蒸馏水倒去，换上分离胶缓冲液，10 mA 电流电泳 1 h，终止电泳后，弃去分离胶缓冲液，用注射器吸取浓缩胶缓冲液洗涤胶面数次，即可制备浓缩胶。

（2）浓缩胶制备　取 30% Acr-Bis 贮存液 1.0 mL，Tris-HCl 缓冲液 pH 6.7 1.25 mL，去离子水 7.64 mL，TEMED 0.01 mL，10%Ap 0.2 mL，用磁力搅拌器充分混匀。混合均匀后用细长头的滴管将凝胶溶液加到长、短玻璃板的窄缝内（及分离胶上方），距短玻璃板上缘 0.5 cm 处，轻轻加入样品槽模板。在上、下贮槽中加入蒸馏水，但不能超过短玻璃板的上缘。在距短玻璃板 10 cm 处用日光灯或太阳光照射，进行光聚合，但不要造成大的升温。在正常情况下，照射 6～7 min，则凝胶由淡黄透明色变成乳白色，表明聚合作用开始。继续光照 30 min，使凝胶聚合完全。光聚合完成后放置 30～60 min，轻轻取出样品模槽板，用窄条滤纸吸去样品凹槽中多余的液体，加入稀释 10 倍的 pH 8.3 的 Tris-甘氨酸电极缓冲液，使液面超过短玻璃板约 0.5 cm，即可加样。

3. 加样

取血清样品 0.1 mL，25%蔗糖溶液 0.1 mL，0.05%溴酚蓝溶液 0.05 mL 混合后，用微量注射器取 5 μL 上述混合液，将微量注射器细长针管穿过电泳缓冲液，小心地将样品加到凝胶齿状凹型样品槽底部，待所有样品槽底部都加了样品后，即可开始电泳。

4. 电泳

将直流稳压电泳仪的正极与下贮槽连接，负极与上贮槽连接（方向切勿接错），接通冷却水，打开电泳仪开关，开始时将电流调至 10 mA，待样品进入分离胶时，将电流调至 20～30 mA。当蓝色染料迁移至距离硅胶框下缘 1 cm 时，将电流调回到“零”，关电源及冷却水。分别收集上、下贮槽电极缓冲液置于试剂瓶中，4 ℃贮存还可用 2 次。旋松固定螺丝，取出硅胶框，用不锈钢铲轻轻将一块玻璃撬开移去，在凝胶板一端切除一角作为标记，将凝胶板移至大培养皿中进行染色。

5. 染色

将凝胶板放入 0.05%考马斯亮蓝 R-250（内含 20%磺基水杨酸）染色液中，使染色液没过凝胶板，染色 30 min 左右。

6. 脱色

用 7%乙酸浸泡漂洗数次，直至背景蓝色褪去。如用 50 ℃水浴或脱色摇床，则可缩短脱色时间。脱色液经活性炭脱色后，可反复使用。脱色后电泳区带（血清蛋白和正常人的唾液蛋白质）如图 4-5 所示。

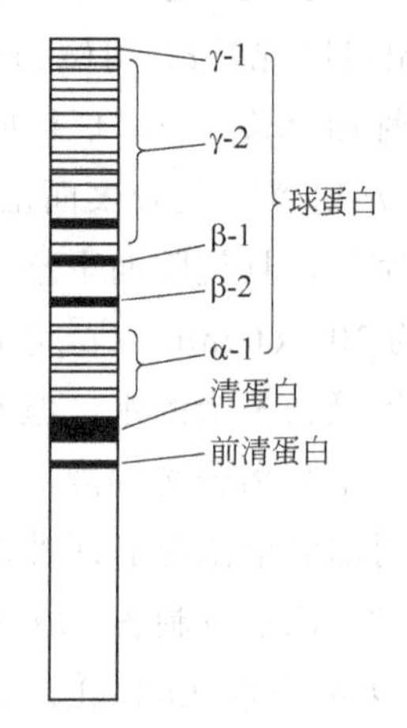

图 4-5　聚丙烯酰胺凝胶电泳血清蛋白区带分布图

【注意事项】

（1）制备凝胶应选用高纯度的试剂，否则会影响凝胶聚合与电泳效果。

（2）Acr 和 Bis 均为神经毒剂，对皮肤有刺激作用，实验表明对小鼠的半数致死量为 170 mg/kg，操作时应戴手套和口罩，纯化应在通风橱内进行。

（3）Acr 和 Bis 的贮存液在保存过程中，由于水解的作用而形成丙烯酸和 NH_3，虽然溶液放在棕色试剂瓶中，4 ℃贮存能部分防止水解，但也只能贮存 1～2 个月，可通过测 pH（4.9～5.2）来检查试剂是否失效。

（4）用琼脂封底及灌凝胶时不能有气泡，以免影响电泳时电流的通过。

（5）凝胶完全聚合后，必须放置 30 min 至 1 h，使其充分老化后才能轻轻取出样品槽模板，切勿破坏加样凹槽底部的平整，以免电泳后区带扭曲。

（6）为防止电泳后区带拖尾，样品中盐离子强度应尽量低，含盐量高的样品可用透析法或凝胶过滤法脱盐。最大加样量不得超过 100 μg 蛋白或者 100 μL 蛋白。

（7）电泳后，应分别收集上、下贮槽的电泳缓冲液，在冰箱贮存，可用 2 次。为保证电泳结果，最好使用新稀释的缓冲液。

思考题

（1）简述聚丙烯酰胺凝胶聚合的原理，如何调节凝胶的孔径？

（2）为什么样品会在浓缩胶中被压缩成层？

（3）根据实验过程的体会，总结如何做好聚丙烯酰胺凝胶垂直板电泳？哪些是关键步骤？

第三节 核酸化学实验

实验一 动物肝脏 DNA 的提取及含量测定

一、实验目的

（1）了解分离提取 DNA 的一般原理，掌握从动物肝脏中提取 DNA 的方法。

（2）巩固二苯胺法测定 DNA 的实验操作。

二、实验原理

在浓氯化钠（1～2 mol/L）溶液中，脱氧核糖核蛋白的溶解度很大，核糖核蛋白的溶解度很小。在稀氯化钠（0.14 mol/L）溶液中，脱氧核糖核蛋白的溶解度很小，核糖核蛋白的溶解度很大。因此，可利用不同浓度的氯化钠溶液，将脱氧核糖核蛋白和核糖核蛋白从样品中分别抽提出来。

将抽提得到的核蛋白用十二烷基磺酸钠（SDS）处理，DNA（或 RNA）即与蛋白质分开，可用氯仿-异戊醇将蛋白质沉淀除去，而 DNA（或 RNA）则溶解于溶液中。向溶液中加入适量乙醇，DNA 即析出。

为了防止 DNA（或 RNA）酶解，提取时加乙二胺四乙酸（ethy-lenedia mine tetracetic acid，EDTA）。

三、实验器材

新鲜猪肝（一次用不完一定要冷冻保存）；匀浆器；离心机，量筒 50 mL（×1）、10 mL（×1），水浴锅，纱布，真空干燥器。

四、实验试剂

（1）5 mol/L NaCl 溶液：将 292.3 g NaCl 溶于水，稀释至 1000 mL。

（2）0.14 mol/L NaCl-0.10 mol/L EDTA 溶液：将 8.18 g NaCl 及 37.2 g EDTA 溶于蒸馏水，稀释至 1000 mL。

五、实验操作

（1）取猪肝 20～30 g，用适量 0.14mol/L NaCl-0.10 mol/L EDTA 溶液洗去血液，剪碎，加入约 30～50 mL 0.14 mol/L NaCl-0.10 mol/L EDTA 溶液，置匀浆器或研钵中研磨，研磨一定要充分，待研成糊状后，用单层纱布滤去残渣，将滤液离心 10 min（4000 r/min）弃去上清液，沉淀用 0.14 mol/L NaCl-0.10 mol/L EDTA 溶液洗 2～3 次。所得沉淀为脱氧核糖核蛋白粗制品。

（2）向上述沉淀物加入 0.14 mol/L NaCl-0.10mol/L EDTA 溶液，使总体积为 37 mL，然后滴加 25%SDS 溶液 3 mL，边加边搅拌。加毕，置 60 ℃水浴保温 10 min（不停搅拌）溶液变得黏稠并略透明，取出冷至室温。此步操作系使核酸与蛋白质分离。

（3）加入 5mol/L NaCl 溶液 10 mL，使 NaCl 最终浓度达到 1 mol/L，搅拌 10 min，加入约一倍体积的氯仿-异戊（丙）醇混合液，振摇 10 min，静置分层，取上、中两层液离心 10 min（4000 r/min）。去掉沉淀，上层清液徐徐加入 1.5～2 倍 95%乙醇，DNA 沉淀即析出，用玻璃棒顺着一个方向慢慢搅动，DNA 丝状物即缠在玻棒上。

（4）将 DNA 粗品置于 30 mL 0.015mol/L NaCl-0.0015 mol/L 柠檬酸钠溶液中，搅匀，加入一倍体积氯仿-异戊（丙）醇混合液，振摇 10 min，离心（4000 r/min），10 min，倾出上层液（沉淀弃去），加入 1.5 倍体积 95%乙醇，DNA 即沉淀析出。离心，弃去上清液，沉淀（粗 DNA）按本操作步骤重复一次。

（5）将上步所得沉淀溶于 27 mL 0.015mol/L NaCl-0.0015mol/L 柠檬酸钠溶液中，然后以线状徐徐加入 2 倍 95%乙醇，边加边搅，取出丝状 DNA，依次用 70%、80%、95%乙醇及无水乙醇各洗一次，真空干燥。

（6）取提取的 DNA 样品若干，可用二苯胺法进行测定（参照本节实验二）。

【注意事项】

（1）避免过酸、过碱或高温环境，适宜环境为 0～4 ℃，pH 4～9。

（2）防止机械力的切割作用，避免剧烈振荡。

（3）防止核酸酶的降解作用，可加入抑制剂如 EDTA、柠檬酸钠等。

（4）整个操作步骤应尽量简化，缩短实验过程，减少核酸变性、降解、被机械切割的机会。

（5）要提取动物组织 DNA，一般选择细胞膜较脆弱、容易破碎的动物脏器，如胸腺、肝脏、脾脏、胰脏、精子等。

思考题

（1）所提取的 DNA 是否是纯品？如何进一步提高其纯度？

（2）DNA 提取过程中的关键步骤及注意事项有哪些？

实验二　DNA 的定量测定（二苯胺法）

一、实验目的

学习和掌握二苯胺法测定 DNA 含量的原理和方法。

二、实验原理

DNA 分子中的脱氧核糖基在酸性溶液中会生成 ω-羟基-γ-酮基戊醛，遇二苯胺显蓝色（λ_{max} = 595 nm）。在 DNA 浓度为 20～200 μg/mL 范围内，吸光度与 DNA 浓度成正比，因此，可用比色法测定 DNA 的含量。

三、实验器材

紫外可见分光光度计，恒温水浴锅，移液器，试管。

四、实验试剂

（1）DNA 标准溶液（200 μg/mL）：取 DNA 钠盐用 5 mmol/L NaOH 配成 200 μg/mL 的溶液。

（2）二苯胺试剂：称取 1 g 二苯胺溶于 100 mL 冰醋酸中，再加入 10 mL 过氯酸，混匀备用。临用前加入 1 mL 1.6%乙醛溶液，贮存于棕色瓶内。

（3）DNA 样液：将实验一中提取的动物 DNA 样品配制为浓度 100 μg/mL 左右的溶液。

五、实验操作

1. 标准曲线的制作

按照表 4-1 加入各种试剂，混匀后于 60 ℃水浴保温 45 min，冷却后，测量 595 nm 波长下的吸光度 A。以 A 吸光度对 DNA 浓度作图，制作标准曲线。

2. DNA 浓度的测定

取待测 DNA 样液 1 mL 置于试管中，加入 1 mL 蒸馏水，混匀。加入 4 mL 二苯胺试剂，混匀后于 60 ℃水浴保温 45 min，冷却后，测量 595 nm 波长下的吸光度 A。根据所测得的吸光度对照标准曲线计算 DNA 的质量。

表 4-1 二苯胺法测定 DNA 含量标准曲线的制作

操作项目	管号						
	0	1	2	3	4	5	6
标准 DNA 溶液加量/mL	0	0.4	0.8	1.2	1.6	2	样液 1 mL
蒸馏水加量/mL	2	1.6	1.2	0.8	0.4	0	1
二苯胺试剂加量/mL	4	4	4	4	4	4	4
$A_{595\ nm}$							

【注意事项】

（1）DNA 样品中的糖及糖的衍生物、蛋白质等杂质会干扰显色反应，测定前应尽量去除这些杂质。

（2）测量吸光度前要等反应液冷却至室温。

（3）实验所用的玻璃仪器须清洁、干燥。

思考题

（1）实验中加入乙醛的目的是什么？

（2）如何判断样品是否有核酸？

第四节 酶学实验

实验一 大蒜细胞 SOD 的提取与分离

一、实验目的

掌握超氧化物歧化酶的提取方法。

二、实验原理

超氧化物歧化酶（SOD）是一种具抗氧化、抗衰老、抗辐射和消炎作用的药用酶。它可催化超氧负离子（O_2^-）发生歧化反应，生成氧和过氧化氢：

$$2\ O_2^- + H_2 = O_2 + H_2O_2$$

大蒜蒜瓣和悬浮培养的大蒜细胞中含有较丰富的 SOD，组织或细胞破碎后，可用 pH 7.8 的磷酸缓冲液提取。由于 SOD 不溶于丙酮，可用丙酮将其沉淀析出。

三、实验器材

研磨器，离心机，水浴器，小试管。

四、实验材料与试剂

（1）新鲜蒜瓣。

（2）大蒜细胞，通过细胞培养技术获得。

（3）0.05 mol/L 磷酸缓冲液（pH 7.8）。

（4）氯仿-乙醇混合溶液：氯仿∶无水乙醇＝3∶5（体积比）。

（5）丙酮：用前冷却至 4～10 ℃。

（6）0.05 mol/L 碳酸盐缓冲液（pH 10.2）。

（7）0.1 mol/L EDTA 溶液。

（8）2 mol/L 肾上腺素溶液。

五、实验操作

1. 组织或细胞破碎

称取 5 g 左右大蒜蒜瓣或大蒜细胞，置于研磨器中研磨，使组织或细胞破碎。

2. SOD 的提取

加入 2～3 倍体积的 0.05 mol/L pH 7.8 的磷酸缓冲液，将上述破碎的组织或细胞继续研磨搅拌 20 min，使 SOD 充分溶解到缓冲液中，然后 5 000 r/min 离心 15 min，弃沉淀，得提取液。

3. 除杂蛋白

提取液中加入 0.25 倍体积的氯仿-乙醇混合溶液搅拌 15 min，5000 r/min 离心 15 min，去杂蛋白沉淀，得粗酶液。

4. SOD 的沉淀分离

将上述粗酶液加入等体积的冷丙酮，搅拌 15 min，5000 r/min 离心 15 min，得 SOD 沉淀。

将 SOD 沉淀溶于 0.05 mol/L pH 7.8 的磷酸缓冲液中，于 55～60 ℃热处理 15 min，离心弃沉淀，得到 SOD 酶液。

将上述提取液、粗酶液和酶液分别取样，测定各自的 SOD 活力。

5. SOD 活力测定

取 3 支小试管，按表 4-2 分别加样。

表 4-2　SOD 活力测定加样表

试剂	空白管	对照管	样品管
碳酸盐缓冲液/mL	5.0	5.0	5.0
EDTA 溶液/mL	0.5	0.5	0.5
蒸馏水/mL	0.5	0.5	—
样品液/mL	—	—	0.5
混合均匀，置 30 ℃恒温水浴 5 min			
肾上腺素溶液/mL	—	0.5	0.5

在加入肾上腺素前，充分摇匀并在 30 ℃水浴中预热 5 min 至恒温。加入肾上腺素（空白管不加）继续保温反应 2 min，然后立即测定各管在 480 nm 处的吸光度。对照管与样品管的吸光度分别为 $A_{对照}$ 和 $A_{样品}$。

在上述条件下，SOD 抑制 50%肾上腺素自氧化所需的酶量定义为一个酶活力（单位）。即：

$$酶活力（单位）=\frac{2\times(A_{对照}-A_{样品})\times N}{A_{对照}}$$

式中，N 为样品稀释倍数；2 为抑制 50%肾上腺素自氧化的换算系数；$A_{对照}$ 为对照组的吸光度；$A_{样品}$ 为样品组的吸光度。

若以每毫升样品液的单位数表示，则按下式计算：

$$酶活力（单位）=\frac{2\times(A_{对照}-A_{样品})\times N}{A_{对照}}\times\frac{V}{V_1}$$

式中，V 为反应液体积，mL；V_1 为样品液体积，5 mL；$A_{对照}$ 为对照组的吸光度；$A_{样品}$ 为样品组的吸光度。

最后，根据提取液、粗酶液和酶液的酶活力和体积，计算回收率。

【注意事项】

（1）在用丙酮沉淀 SOD 时，温度不宜过高，否则容易引起酶的变性失活。

（2）沉淀析出后应尽快分离，尽量减少有机溶剂的影响。

思考题

举出几种常用于分离提纯的有机溶剂，并说明有机溶剂沉淀分离物质时应注意哪些问题。

实验二　过氧化物酶活力的测定

一、实验目的

通过本实验学习并掌握过氧化物酶活力测定的原理及方法。

二、实验原理

过氧化物酶广泛存在于植物体中，是活性较高的一种酶。它与呼吸作用、光合作用及生长素的氧化等都有关系。在植物生长发育过程中它的活性不断发生变化。一般老化组织中活性较高，幼嫩组织中活性较低。因为过氧化物酶能使组织中所含的某些碳水化合物转化成木质素，增加木质化程度，而且发现早衰减产的水稻根系中过氧化物酶的活性增加，所以过氧化物酶可作为组织老化的一种生理指标。

过氧化物酶催化过氧化氢氧化酚类的反应，产物为醌类化合物，此化合物进一步自身缩合或与其他分子缩合，产生颜色较深的化合物。本实验以邻甲氧基苯酚（即愈创木酚）为过氧化物酶的底物，在此酶存在下，H_2O_2可将邻甲氧基苯酚氧化成棕红色的四邻甲氧基联酚，其反应为：

4 邻甲氧基苯酚 $+ 2H_2O_2 \xrightarrow{\text{过氧化物酶}}$ 四邻甲氧基联酚(棕红色) $+ 8H_2O$

可用分光光度计在 470 nm 处测定棕红色的物质的光密度值，即可求出该酶的活力。

三、实验器材

分光光度计，移液管，离心机，秒表，研钵，天平。

四、实验材料和试剂

1．实验材料

水稻根系，马铃薯块茎等。

2．实验试剂

（1）0.1 mol/L Tris-HCl 缓冲液（pH 8.5）　取 12.114 g 三羟甲基氨基甲烷（Tris），加水稀释，用 HCl 调 pH 8.5 后定容至 1000 mL。

（2）0.2 mol/L 磷酸缓冲液（pH 6.0）　贮备液 A：0.2 mol/L NaH_2PO_4溶液（27.8 g $NaH_2PO_4 \cdot H_2O$ 配成 1000 mL）。贮备液 B：0.2 mol/L Na_2HPO_4溶液（53.65 g $Na_2HPO_4 \cdot 7H_2O$ 或 71.7 g $Na_2HPO_4 \cdot 12H_2O$ 配成 1000 mL）。分别取 87.7 mL 贮备液 A 与 12.3 mL 贮备液 B 充分混匀并加水稀释至 200 mL。

（3）反应混合液　取 0.2 mol/L 磷酸缓冲液（pH 6.0）50 mL，过氧化氢 0.028 mL，愈创木酚 0.019 mL，混合。

五、实验操作

1．酶液提取

（1）取不同水稻根系（根系表面水分吸干）1 g，剪碎置于研钵中，加 5 mL 0.1 mol/L Tris-HCl 缓冲液（pH8.5），研磨成匀浆。

（2）以 4000 r/min 离心 5 min，倾出上清液，必要时残渣再用 5 mL 缓冲液提取一次，合并两次上清液，保存在冰箱（冷藏）备用。

2. 比色测定

（1）取光径 1 cm 比色杯 2 个，向其中之一加入上述酶液 1 mL（如酶活性过高可稀释），再加入反应混合液 3 mL，立即开启秒表记录时间，反应 5 min。

（2）向另一比色杯中加入 0.2 mol/L 磷酸缓冲液（pH 6.0）1 mL，再加入反应混合液 3 mL，作为零对照。用分光光度计在 470 nm 波长下测定反应 5 min 时的光密度值。

3. 结果计算

以每分钟光密度变化（以每分钟 $OD_{470\,nm}$ 变化 0.01 为 1 个活力单位）表示酶活力大小。即表达式为：

$$\text{过氧化物酶活力} = \frac{\Delta OD_{470\,nm}}{tm}$$

式中，$\Delta OD_{470\,nm}$ 为样品与对照组 $OD_{470\,nm}$ 的差值；t 为反应时间，min；m 为新鲜样品质量，mg。

【注意事项】

酶的提取纯化需在低温下进行。

思考题

（1）试述过氧化物酶酶活力的定义？

（2）测定酶的活力要注意控制哪些条件？

实验三 乳酸脱氢酶活力测定

一、实验目的

（1）掌握 LDH 活力测定原理。

（2）学习用比色法测定酶活力。

二、实验原理

乳酸脱氢酶（lactate dehydrogenase，LDH，EC.1.1.1.27）广泛存在于生物细胞内，是糖酵解途径的关键酶之一，可催化下列可逆反应。

$$\begin{array}{c}COOH\\ |\\ HO-CH\\ |\\ CH_3\end{array} + NAD^+ \xrightleftharpoons[\text{pH } 7.4\sim7.8]{\text{LDH} \atop \text{pH } 8.8\sim9.8} \begin{array}{c}COOH\\ |\\ C=O\\ |\\ CH_3\end{array} + NADH + H^+$$

乳酸　氧化型辅酶Ⅰ　　　丙酮酸　还原型辅酶Ⅰ

LDH 可溶于水或稀盐溶液，组织中 LDH 含量测定方法很多，其中紫外分光光度法更为简单、快速。鉴于 NADH、NAD^+在 340 nm 及 260 nm 处有各自的最大吸收峰，因此以 NAD^+为辅酶的各种脱氢酶类都可通过测定 340 nm 光吸收度的改变，定量测定酶的活力。本实验测定 LDH 活力，基质液中含乳酸及 NAD^+，在一定条件下，加入一定量酶液，观察 NADH 在反应过程中 340 nm 处吸光度减少值，减少越多，所产生的 NADH 越多，表明 LDH 活力越高。其活力单位定义是：在 25 ℃，pH 7.5 条件下每分钟 $A_{340\ nm}$下降 1.0 的酶量为 1 个单位。可定量每克鲜重组织中 LDH 活力单位。定量测定蛋白质含量即可计算比活力（U/mg）。

利用上述原理，改变不同底物则可测定相应脱氢酶反应过程中 $A_{340\ nm}$的改变，定量测定酶活力，如苹果酸脱氢酶、醇脱氢酶、醛脱氢酶等，适用范围很广。

三、实验器材

组织捣碎机，紫外分光光度计，恒温水浴锅，移液管（5 mL、0.1 mL），微量注射器（10 μL）。

四、实验材料与试剂

1. 实验材料

动物肌肉、肝、心、肾等组织。

2. 实验试剂

（1）50 mmol/L pH 6.5 磷酸氢二钾-磷酸二氢钾缓冲液母液　A：50 mmol/L K_2HPO_4　称 K_2HPO_4 1.74 g，加蒸馏水溶解后定容至 200 mL。B：50 mmol/L KH_2PO_4　称 KH_2PO_4 3.40 g，加蒸馏水溶解后定容至 500 mL。取溶液 A 31.5 mL，溶液 B 68.5 mL，混合，调节 pH 至 6.5。置 4 ℃冰箱备用。

10 mmol/L pH 6.5 磷酸氢二钾-磷酸二氢钾缓冲液，用上述母液稀释得到。现用现配。

0.1 mol/L pH 7.5 磷酸氢二钾-磷酸二氢钾缓冲液，用上述母液稀释得到。现用现配。

（2）NADH 溶液　称 3.5 mg NADH 置于试管中，加 0.1 mol/L pH 7.5 磷酸氢二钾-磷酸二氢钾缓冲液 1 mL，摇匀。现用现配。

（3）丙酮酸溶液　称 2.5 mg 丙酮酸钠，加 0.1 mol/L pH 7.5 磷酸氢二钾-磷酸二氢钾缓冲液 29 mL，使其完全溶解。现用现配试剂。

五、实验操作

1. 制备肌肉匀浆

称取 20 g 兔肉，按质量浓度 0.25 kg/L 比例加入 4 ℃预冷的 10 mmol/L pH 6.5 磷酸氢二钾-磷酸二氢钾缓冲液，用组织捣碎机捣碎，每次 10 s，连续 3 次。将匀浆液倒入烧杯中，置 4 ℃冰箱中提取过夜，过滤后得到组织提取液。

2. LDH 活力测定

试验前预先将丙酮酸溶液及 NADH 溶液放在 25 ℃水浴中预热。取 2 个石英比色杯，在 1 个比色杯中加入 0.1 mmol/L pH 7.5 磷酸氢二钾-磷酸二氢钾缓冲液 3 mL，置于紫外分光光度计中，在 340 nm 处将光吸收调节至零；另一个比色杯用于测定 LDH 活力，依次加入丙酮酸钠溶液 2.9 mL，NADH 溶液 0.1 mL，加盖摇匀后，测定 340 nm 光吸收度（A）。取出比色杯加入经稀释的酶液 10 μL，立即计时，摇匀后，每隔 0.5 min 测 $A_{340\ \mathrm{nm}}$，连续测定 3 min，以 A 对时间作图，取反应最初线性部分，计算每分钟 $A_{340\ \mathrm{nm}}$ 减少值。酶液的稀释度（或加入量）应控制每分钟 $A_{340\ \mathrm{nm}}$ 下降值在 0.1～0.2 之间。

3. 数据处理

计算每毫升组织提取液中 LDH 活力单位（U）

$$每毫升组织提取液\ LDH\ 活力单位 = (\Delta A_{340\ \mathrm{nm}} \times 稀释倍数)/10$$

式中，$\Delta A_{340\ \mathrm{nm}}$ 为每分钟内吸光度变化值；10 为加入稀释后酶液体积，μL。

提取液中 LDH 总活力单位 = 每毫升组织提取液 LDH 活力单位×总体积

【注意事项】

（1）实验材料应尽量新鲜，如取材后不立即用，则应贮存在−20 ℃冰箱中。

（2）酶液的稀释度及加入量应控制每分钟 $A_{340\ \mathrm{nm}}$ 下降值在 0.1～0.2 之间，以减少实验误差。

（3）NADH 溶液应在临用前配制。

思考题

简述用紫外分光光度法测定以 NAD^+ 为辅酶的各种脱氢酶的测定原理。

实验四 小麦萌发前后淀粉酶活力的比较

一、目的要求

（1）学习分光光度计的原理和使用方法。

（2）学习测定淀粉酶活力的方法。

（3）了解小麦萌发前后淀粉酶活力的变化。

二、实验原理

淀粉是植物最主要的贮藏多糖，也是人和动物的重要食物和发酵工业的基本原料。淀粉经淀粉酶作用后生成葡萄糖、麦芽糖等小分子物质而被机体利用。淀粉酶主要包括α-淀粉酶和β-淀粉酶两种。α-淀粉酶可随机地作用于淀粉中的α-1,4-

糖苷键，生成葡萄糖、麦芽糖、麦芽三糖、糊精等还原糖，同时使淀粉的黏度降低，因此又称为液化酶。β-淀粉酶可催化淀粉的非还原性末端进行水解，每次水解一分子麦芽糖，又被称为糖化酶。

$$2(C_6H_{10}O_5)_n + nH_2O \longrightarrow nC_{12}H_{22}O_{11}$$

麦芽糖具还原性，能使3,5-二硝基水杨酸还原成棕色的3-氨基-5-硝基水杨酸，其反应如下：

COOH, OH, O_2N, NO_2 + 还原糖 $\xrightarrow[\text{碱性}]{\text{加热}}$ COOH, OH, O_2N, NH_2 + 糖酸

淀粉酶活力的大小与产生的还原糖的量成正比。用标准浓度的麦芽糖溶液制作标准曲线，用分光光度法测定淀粉酶作用于淀粉后生成的还原糖的量，以单位质量样品在一定时间内生成的麦芽糖的量表示酶活力。

三、实验器材

离心管，离心机，分光光度计，恒温水浴锅，研钵，电炉，容量瓶 50 mL、100 mL，20 mL 具塞刻度试管（×12），试管架，刻度吸管 1 mL（×2）、2 mL（×3）、10 mL（×1）。

四、实验试剂

（1）小麦种子 600 粒左右。

（2）标准麦芽糖溶液（1 mg/mL）：精确称取 100 mg 麦芽糖，用蒸馏水溶解并定容至 100 mL。

（3）0.02 mol/L pH 6.9 的磷酸缓冲液：0.2 mol/L 磷酸二氢钾 67.5 mL 与 0.2 mol/L 磷酸氢二钾 82.5 mL 混合，稀释 10 倍。

（4）1%淀粉溶液：称取 1 g 淀粉溶于 100 mL 0.1 mol/L pH 5.6 的柠檬酸缓冲液中。

（5）3,5-二硝基水杨酸试剂：精确称取 3,5-二硝基水杨酸 1 g，溶于 20 mL 2mol/L NaOH 溶液中，加入 50 mL 蒸馏水，再加入 30 g 酒石酸钾钠，待溶解后用蒸馏水定容至 100 mL。盖紧瓶塞，勿使 CO_2 进入。若溶液混浊可过滤后使用。

（6）1%氯化钠溶液。

（7）0.4 mol/L 氢氧化钠溶液。

（8）石英砂若干（干净河沙）。

五、实验操作

1. 实验材料准备

根据小麦萌发前后淀粉酶活力的变化规律，让学生准备实验材料。

提前3～4 d对休眠小麦进行萌发：麦粒浸泡2～3 h后，用干净湿润细砂或湿润的纱布掩埋或包裹麦粒，在25～28 ℃下进行萌发，每隔12 h换水一次，休眠麦粒只需实验前3～4 h浸泡即可。

2. 麦芽糖标准曲线的制作

（1）取7支干净的具塞刻度试管，编为1～7号，按表4-3加入试剂。

表4-3 麦芽糖标准曲线的制作

操作项目	管号						
	1	2	3	4	5	6	7
麦芽糖标准液加量/mL	0	0.2	0.6	1.0	1.4	1.8	2.0
蒸馏水加量/mL	2.0	1.8	1.4	1.0	0.6	0.2	0
麦芽糖含量/mg	0	0.2	0.6	1.0	1.4	1.8	2.0
3,5-二硝基水杨酸加量/mL	2.0	2.0	2.0	2.0	2.0	2.0	2.0

（2）摇匀，置沸水浴中煮沸5 min。取出后用流水冷却，加蒸馏水定容至20 mL。以1号管作为空白调零，在540 nm波长下比色测定光密度。以麦芽糖含量为横坐标，光密度为纵坐标，绘制标准曲线。

3. 淀粉酶液的制备

（1）称取1 g萌发3 d的小麦种子（芽长约1 cm），置于研钵中，加入少量石英砂（0.2 g左右）和4 mL 1%氯化钠溶液，研磨匀浆。

（2）将匀浆倒入离心管中，用6 mL 1%氯化钠溶液分次将残渣洗入离心管。提取液在室温下放置提取15～20 min，每隔数分钟搅动1次，使其充分提取。

（3）然后在3000 r/min转速下离心10 min，将上清液倒入100 mL容量瓶中，加磷酸缓冲液定容至刻度，摇匀，即为淀粉酶液。

同样方法制备干燥种子、萌发1 d、2 d、3 d或4 d小麦种子的酶提取液（视具体实验而定）。

4. 酶活力的测定

（1）取4支干净的具塞刻度试管，编号，分别加入干燥种子（或浸泡2～3 h后）的酶提取液、萌发1 d、2 d、3 d或4 d的酶提取液各0.5 mL，将4支试管置于一个(40±0.5)℃恒温水浴中保温15 min。

（2）再向各试管分别加入40 ℃下预热的1%淀粉溶液2 mL，摇匀，立即放入40 ℃恒温水浴，准确计时，保温5 min。

（3）取出后向测定管迅速加入4 mL 0.4mol/L氢氧化钠，以终止酶活动，各加入2 mL 3,5-二硝基水杨酸试剂。以下操作同标准曲线制作。

（4）根据样品的吸光度，从标准曲线计算出麦芽糖含量，最后进行结果计算。

5. 结果处理

本实验规定：40 ℃时水解淀粉 5 min 释放出 1 mg 麦芽糖所需的酶量为 1 个活力单位。

则：

$$1\,g\text{ 麦芽中淀粉酶的总活力单位} = \text{释放出的麦芽糖质量} \times \frac{100}{0.5}$$

式中，100 指 1 g 麦芽种子研磨后稀释到 100 mL；0.5 指取 0.5 mL 样品液。

【注意事项】

（1）样品提取液的定容体积和酶液稀释倍数可根据不同材料酶活性的大小而定。

（2）为了确保酶促反应时间的准确性，在进行保温这一步骤时，可以将各试管每隔一定时间依次放入恒温水浴，准确记录时间，到达 5 min 时取出试管，立即加入 3,5-二硝基水杨酸以终止酶催化反应，尽量减小因各试管保温时间不同而引起的误差。同时恒温水浴温度变化应不超过±0.5 ℃。

（3）试剂加入按规定顺序进行。

思考题

（1）淀粉酶活性测定原理是什么？应注意什么问题？

（2）酶反应中为什么加 pH 6.9 的磷酸缓冲液？为什么在 40 ℃进行保温？

（3）小麦萌发过程中淀粉酶活性升高的原因和意义是什么？

实验五 胰蛋白酶的制备及酶活力的测定

一、实验目的

（1）学习胰蛋白酶的纯化及结晶的基本方法。

（2）了解酶的活力与比活力的概念。

二、实验原理

胰蛋白酶是以无活性的酶原形式存在于动物胰脏中，在 Ca^{2+}的存在下，被肠激酶或有活性的胰蛋白酶自身激活，从肽链 N 端赖氨酸和异亮氨酸残基之间的肽键断开，失去一段六肽，分子构象发生一定改变后转变为有活性的胰蛋白酶。

胰蛋白酶原的分子量约为 24 000，其等电点约为 8.9，胰蛋白酶的分子量（23 400）与胰蛋白酶原接近，其等电点约为 10.8，在 pH=3 时最稳定，低于此 pH 时，胰蛋白酶易变性，在 pH>5 时易自溶，胰蛋白酶催化活性最适 pH 7.6～8.0。

Ca^{2+}离子对胰蛋白酶有稳定作用。

重金属离子、有机磷化合物和反应物都能抑制胰蛋白酶的活性，胰脏、卵清和豆类植物的种子中都存在着蛋白酶抑制剂。最近发现在一些植物的块茎（如土豆、白薯、芋头等）中也存在有胰蛋白酶抑制剂。

胰蛋白酶能催化蛋白质的水解，对于由碱性氨基酸（精氨酸、赖氨酸）的羧基与其他氨基酸的氨基所形成的键具有高度的专一性。此外还能催化由碱性氨基酸和羧基形成的酰胺键或酯键，其高度专一性也表现为对碱性氨基酸一端的选择。胰蛋白酶对这些键的敏感性次序为：酯键>酰胺键>肽键。因此可利用含有这些键的酰胺类或酯类化合物作为底物来测定胰蛋白酶的活力。目前常用苯甲酰-L-精氨酸-对硝基苯胺（BAPA）和苯甲酰-L-精氨酸-β-萘酰胺（BANA）测定酰胺酶活力。用苯甲酰-L-精氨酸乙酯（BAEE）和对甲苯磺酰-L-精氨酸甲酯（TAME）测定酯酶活力。本实验以BAEE为底物，用紫外吸收法测定胰蛋白酶活力。酶活力单位的规定常因底物及测定方法而异。

从动物胰脏中提取胰蛋白酶时，一般是用稀酸溶液将胰腺细胞中含有的酶原提取出来，然后再根据等电点沉淀的原理，调节pH以沉淀除去大量的酸性杂蛋白以及非蛋白杂质，再以硫酸铵分级盐析将胰蛋白酶原等（包括大量糜蛋白酶原和弹性蛋白酶原）沉淀析出。经溶解后，以极少量活性胰蛋白酶激活，使其酶原转变为有活性的胰蛋白酶（糜蛋白酶和弹性蛋白酶同时也被激活），被激活的酶溶液再以盐析分级的方法除去糜蛋白酶及弹性蛋白酶等组分。收集含胰蛋白酶的级分，并用结晶法进一步分离纯化。一般经过2～3次结晶后，可获得相当纯的胰蛋白酶，其比活力可达到8000～10 000 BAEE U/mg蛋白，或更高。

本实验将胰蛋白酶的制备和酶活测定两方面的实验操作技术进行了综合运用。如需制备更纯的制剂，可用上述酶溶液通过亲和色谱方法纯化。

三、实验器材

食品加工机和高速分散器，研钵，大玻璃漏斗，布氏漏斗，抽滤瓶，纱布，恒温水浴锅，紫外分光光度计，秒表，pH试纸。

四、实验材料与试剂

1. 实验材料

新鲜或冰冻猪胰脏。

2. 实验试剂

（1）pH 2.5乙酸酸化水，2.5mol/L H_2SO_4，5 mol/L NaOH，2 mol/L NaOH，2mol/L HCl，0.001mol/L HCl，硫酸铵，氯化钙。

（2）0.8 mol/L pH 9.0硼酸缓冲液：取20 mL 0.8 mol/L硼酸溶液，加入80 mL 0.2 mol/L四硼酸钠（$Na_2B_4O_7 \cdot 10H_2O$）溶液，混合后，用pH计检查校正。

（3）0.4 mol/L pH 9.0 硼酸缓冲液（用 0.8 mol/L 硼酸缓冲液稀释 1 倍即可）。

（4）0.2 mol/L pH 8.0 硼酸缓冲液　取 70 mL 0.2 mol/L 硼酸溶液，加 30 mL 0.5 mol/L 四硼酸钠溶液，混合后，用 pH 计校正。

（5）0.05 mol/L pH 8.0 Tris-HCl 缓冲液　取 50 mL 0.1 mol/LTris 加入 29.2 mL mol/L HCl，加水定容至 100 mL。

（6）底物溶液的配制　每毫升 0.05 mol/L pH8.0 Tris-HCl 缓冲液中加入 0.34 mg BAEE 和 2.22 mg 的氯化钙。

五、实验操作

1. 猪胰蛋白酶制备

（1）猪胰蛋白酶原的提取　猪胰脏 1.0 kg（新鲜的或杀后立即冷藏的），除去脂肪和结缔组织后，绞碎。加入 2 倍体积预冷的乙酸酸化水（pH 2.5）于 10～15 ℃搅拌提取 24 h，再用四层纱布过滤得乳白色滤液，用 2.5 mol/L H_2SO_4 调 pH 至 2.5～3.0，放置 3～4 h 后用折叠滤纸过滤得黄色透明滤液（约 1.5 L）。

加入固体硫酸铵（预先研细），使溶液达质量分数 75%（每升滤液加 492 g），放置过夜后抽滤（挤压干），得猪胰蛋白酶原粗制品。

（2）胰蛋白酶原激活　向胰蛋白酶原粗制品滤饼分次加入 10 倍体积（按饼重计）冷的蒸馏水，使滤饼溶解，得胰蛋白酶原溶液。将研细的固体无水氯化钙慢慢加入酶原溶液中（滤饼中硫酸铵的含量按饼重的 1/4 计），使 Ca^{2+}与 SO_4^{2-}结合后，边加边搅拌均匀，使溶液中最终仍含有 0.1 mol/L $CaCl_2$。

用 5 mol/L NaOH 调 pH 至 8.0，加入极少量猪胰蛋白酶（约 2～5 mg）轻轻搅拌，于室温下活化 8～10 h（2～3 h 取样一次，并用 0.001 mol/L HCl 稀释），测定酶活性增加的情况。

活化完成（比活力约 3500～4000BAEE U/mg 蛋白）后，用 2.5 mol/L H_2SO_4 调 pH 至 2.5～3.0，抽滤除去 $CaSO_4$ 沉淀。

（3）胰蛋白酶的分离

将已激活的胰蛋白酶溶液按每升 242 g 加入细粉状固体硫酸铵，使溶液达到 0.4 饱和度，放置数小时后，抽滤，弃去滤饼。

滤液按每升 250 g 加入研细的硫酸铵，使溶液达质量分数 75%，放置数小时，抽滤，弃去滤液。

（4）胰蛋白酶的结晶

将上述胰蛋白酶滤饼（粗胰蛋白酶）溶解后进行结晶：按每克滤饼溶于 1.0 mL pH 9.0 的 0.4 mol/L 硼酸缓冲液的量计加入缓冲液，小心搅拌溶解。

用 2 mol/L NaOH 调 pH 至 8.0，注意要小心调节，偏碱易失活，存放于冰箱。

放置数小时后，应出现大量絮状物，溶液逐渐变稠呈胶态，再加入总体积的1/5～1/4的pH8.0的0.2 mol/L硼酸缓冲液，使胶态分散，必要时加入少许胰蛋白酶晶体。

放置2～5 d可得到大量胰蛋白酶结晶，待结晶析出完全时，抽滤，将母液回收。

（5）胰蛋白酶的重结晶

将第一次结晶的胰蛋白酶产物进行重结晶：用约1倍的0.001 mol/L HCl，使上述结晶分散，加入约1.0～1.5倍体积的pH 9.0的0.8 mol/L硼酸缓冲液，至结晶酶全部溶解，取样后，用2 mol/L NaOH（准确）调溶液pH至8.0（体积过大，很难结晶），冰箱放置1～2 d，可将大量结晶抽滤得第二次结晶产物（母液回收），冰冻干燥后得重结晶的猪胰蛋白酶。

2. 胰蛋白酶活性的测定

以苯甲酰-L-精氨酸乙酯（BAEE）为底物，用紫外吸收法进行测定。苯甲酰-L-精氨酸乙酯在波长253 nm下的紫外吸收远远弱于苯甲酰-L-精氨酸（BA）。在胰蛋白酶的催化下，随着酯键的水解，苯甲酰L-精氨酸逐渐增多，反应体系的紫外吸收亦随之相应增加。

（1）取2个光程为1 cm的带盖石英比色杯，分别加入25 ℃预热过的2.8 mL底物溶液。

（2）向一个比色杯中加入0.2 mL 0.001 mol/L HCl，作为空白对照，校正仪器253 nm处光吸收零点。再在另一个比色杯中加入0.2 mL待测酶液（用量一般为10 μg结晶的胰蛋白酶），立即混匀并计时，每半分钟读数一次，共读3～4 min。控制每分钟$\Delta A_{253\ \mathrm{nm}}$在0.05～0.100左右为宜。

（3）绘制酶促反应动力学曲线，从曲线上求出反应起始点吸光度随时间的变化率（即初速度）每分钟$\Delta A_{253\ \mathrm{nm}}$。

胰蛋白酶活力单位的定义规定为：以BAEE为底物，反应液pH 8.0，25 ℃，反应体积3.0 mL，光径1 cm的条件下，测定$\Delta A_{253\ \mathrm{nm}}$，每分钟使$\Delta A_{253\ \mathrm{nm}}$增加0.001，反应液中所加入的酶量为1个BAEE单位。

$$\text{胰蛋白酶溶液的活力单位} = \frac{\Delta A_{253\mathrm{nm}}}{0.001 \times \text{酶液体积}} \times \text{稀释倍数}$$

式中，胰蛋白酶溶液的活力单位为BAEE U/mL。

$$\text{胰蛋白酶比活力} = \frac{\text{酶液活力}}{\text{胰酶浓度} \times \text{酶液体积}}$$

式中，胰酶浓度单位为mg/mL，胰蛋白酶比活力单位为BAEE U/mL。

【注意事项】

（1）胰脏必须是刚屠宰的新鲜组织或立即低温存放的，否则可能因组织自溶而导致实验失败。

（2）在室温 14～20 ℃条件下放置 8～12 h 后，酶可激活完全，激活时间过长，因酶本身自溶而会使比活力降低，比活力达到“3000～4000 BAEE U/mg 蛋白”时即可停止激活。

（3）要想获得胰蛋白酶结晶，在进行结晶时应十分细心地按规定条件操作，切勿粗心大意，前几步的分离纯化效果愈好，则培养结晶愈容易，因此每一步操作都要严格。酶蛋白溶液过稀难形成结晶，过浓则易形成无定形沉淀析出，因此，溶液浓度必须恰到好处，一般来说待结晶的溶液开始时应略呈微浑浊状态。

（4）过酸或过碱都会影响结晶的形成及酶活力变化，必须严格控制 pH。

（5）第一次结晶时，3～5 d 后仍然无结晶，应检查 pH，必要时调整 pH 或接种，促使结晶形成。重结晶时间要短些。

思考题

（1）提取制备猪胰蛋白酶的过程中，应特别注意哪些主要环节和影响因素？

（2）pH 值在制备中起到什么作用？

（3）哪些因素是直接影响形成晶体的主要原因？应该注意哪些条件？

（4）在实验中，可以采取什么方法来提高产率和比活力？

实验六　蛋白水解酶活力的测定

一、实验目的

学习蛋白水解酶活力测定的基本原理和方法。

二、实验原理

蛋白水解酶能催化蛋白质的肽键水解，使蛋白质分子内的肽键断裂，生成游离的氨基酸和短肽。蛋白水解酶活力越大，则蛋白质分子被水解的肽键越多，生成的氨基酸也越多。不同来源的蛋白水解酶对肽链中不同肽键水解的专一性程度各不相同，因此底物经某种蛋白水解酶作用后，不是使所有的肽键都能水解，而是由选择性地催化水解其中一些肽键（如胰蛋白酶专一性地水解 Arg 和 Lys 羧基一侧所形成的肽键）。蛋白水解酶对蛋白质的水解方式可分为肽链内切酶（又称内肽酶）和肽链端解酶（又称外肽酶）两类。一般肽链内切酶通称为蛋白酶，它们能使蛋白质多肽链内部的肽键裂解，生成相对分子质量较小的肽片段。而肽链端解酶则可分别从蛋白质多肽链的 N 末端或 C 末端逐一将肽键顺序裂解，生成游离的氨基酸。

酶活力是根据在一定条件下（温度、pH、底物浓度等），酶所催化某一化学反应的速度来确定的，所以，酶活力的测定也就是酶催化反应速度的测定。通常酶活力单位是根据在最适条件下，单位时间内被酶催化作用的底物减少量或产物的生成量来表示。按照国际酶学委员会的规定，1 个酶活力单位是指在特定的条件下，每分钟内催化生成 1 μmol 产物（或转化 1 μmol 底物）的酶量，但在实际应用中常感到不便，因此在科研和生产实际工作中，常采用各自规定的单位。目前国内通用的蛋白水解酶活力单位规定为，在 40 ℃及 pH 7.0 条件下以酪蛋白为底物，每分钟水解产生 1 μg 酪氨酸的酶量为一个活力单位。

本实验中蛋白酶的活力大小是以水解生成酪氨酸（产物）量的多少来表示，所以在测定酶活力前必须制作酪氨酸标准曲线，用已知不同浓度的酪氨酸（标准品）与 Folin-酚试剂作用，生成蓝色物质，再用分光光度法进行比色测定，作出酪氨酸标准曲线。然后将酶和底物的反应产物与 Folin-酚试剂作用，测出吸光度，从酪氨酸标准曲线上查出相当于酪氨酸的质量（μg），从而计算出蛋白酶的活力单位，并确定该酶的活力大小。

三、实验器材

试管及试管架，吸量管，小漏斗及滤纸，烧杯，恒温水浴箱（40 ℃），分光光度计。

四、实验材料与试剂

1. 实验材料

（1）枯草杆菌蛋白酶或胰蛋白酶。

（2）酪蛋白。

2. 实验试剂

（1）标准酪氨酸溶液：称取 100 mg 酪氨酸（预先在 105 ℃烘箱中烘至恒重），加 0.1 mol/L HCl 溶液溶解后定容至 100 mL，临用时再用水稀释 10 倍，即得到 100 mg/L 的酪氨酸溶液。

（2）0.6 mol/L Na_2CO_3 溶液。

（3）Folin-酚试剂：配制方法见第三节　实验二　蛋白质含量测定　Ⅳ　Folin-酚试剂法。

（4）0.2 mol/L 磷酸缓冲液　A 液：71.64 g $Na_2HPO_4 \cdot 12H_2O$ 加蒸馏水溶解后定容至 1000 mL。B 液：31.21 g $NaH_2PO_4 \cdot 2H_2O$ 加蒸馏水溶解后定容至 1000 mL。取 A 液 61 mL，加 B 液 39.0 mL，混匀后即为 pH 7.0 的 0.2 mol/L 磷酸缓冲液。

（5）蛋白水解酶液（任选一种）

① 称取枯草杆菌中性蛋白酶 0.5 g，用 pH 7.0 0.2 mol/L 磷酸缓冲液 50 mL 进行抽提，室温浸泡 1 h，同时搅拌，过滤，滤液再用 pH 7.0 0.2 mol/L 磷酸缓冲液

稀释到适当浓度。

② 称取胰蛋白酶 1 g，用 pH 7.0 0.2 mol/L 磷酸缓冲液 100 mL 溶解完全，过滤，滤液再用 pH 7.0 0.2 mol/L 磷酸缓冲液稀释到适当浓度。

（6）酪蛋白溶液：称取酪蛋白 2 g，置 100 mL 三角瓶中，先加入 0.2 mol/L Na_2HPO_4溶液 61 mL，在水浴上加热搅拌使其溶解，冷却后过滤除去不溶物，再加入 0.2 mol/L NaH_2PO_4溶液 39 mL，即为 pH 7.0 2%酪蛋白溶液。

（7）10%三氯乙酸溶液。

五、实验操作

1. 酪氨酸标准曲线的制作

（1）取 7 支试管编为 1～7 号，按表 4-4 所列顺序加入标准酪氨酸溶液及蒸馏水，配成一系列不同浓度的酪氨酸溶液，再分别加入 0.6 mol/L Na_2CO_3 溶液与 Folin-酚试剂，并迅速混合均匀。

（2）置 40 ℃恒温水浴显色 20 min，取出冷至室温或放入冷水中冷却，然后在分光光度计上，选用 680 nm 波长，以 1 号管为空白对照，测定各管 $A_{680\ nm}$，以酪氨酸浓度为横坐标，吸光度为纵坐标，绘制出酪氨酸标准曲线。

表 4-4　酪氨酸标准曲线的制作

操作项目	管号						
	1	2	3	4	5	6	7
酪氨酸含量/(mg/L)	0	10	20	30	40	50	60
标准酪氨酸（100 mg/L）加量/mL	0.0	0.1	0.2	0.3	0.4	0.5	0.6
蒸馏水加量/mL	1.0	0.9	0.8	0.7	0.6	0.5	0.4
0.6mol/L Na_2CO_3 溶液加量/mL	5.0	5.0	5.0	5.0	5.0	5.0	5.0
Folin-酚试剂加量/mL	0.5	0.5	0.5	0.5	0.5	0.5	0.5
混匀后，置 40 ℃恒温水浴保温 20 min							
$A_{680\ nm}$							

2. 蛋白水解酶的活力测定

（1）取 3 支试管编 1～3 号，每管中加入预先稀释好的酶液（约 1500 倍）1 mL，1 号管为空白对照，其他两管为待测样品管。

（2）1 号管在加入酶液后应立即加入 10%三氯乙酸溶液 2 mL，使活性酶在未接触到底物前即已失活。另两支样品管再加入 1 mL pH 7.0 酪蛋白溶液作为底物，迅速混匀，并立即放入 40 ℃恒温水浴箱中准确保温 10 min。

（3）酶促反应时间一到，应迅速向两支样品管加入 10%三氯乙酸溶液 2 mL，以终止酶反应。同时向 1 号管加入 1 mL 底物，摇匀。

（4）为了使蛋白质沉淀完全，3 支试管再次放入 40 ℃恒温水浴内保温 10 min，取出立即过滤，除去剩余的酪蛋白及酶蛋白。

（5）然后取各管滤液 1 mL 分别移入另 3 支编 1～3 号的试管中，各加入 0.6 mol/L Na_2CO_3 溶液 5 mL，摇匀，再加入 Folin-酚试剂 0.5 mL，迅速混匀，置 40 ℃水浴显色 20 min，取出冷却后，测其吸光度。具体操作顺序可按表 4-5 进行。

表 4-5　蛋白水解酶的活力测定操作顺序

操作项目	管号		
	1	2	3
酶溶液加量/mL	1	1	1
10%三氯乙酸溶液加量/mL	2	0	0
酪蛋白溶液加量/mL	0	1	1
混匀后，置 40 ℃恒温水浴保温 10 min			
10%三氯乙酸溶液加量/mL	0	2	2
酪蛋白溶液加量/mL	1	0	0
混匀后，置 40 ℃恒温水浴保温 10 min，过滤			
酶解滤液加量/mL	1	1	1
0.6 mol/L Na_2CO_3 溶液加量/mL	5	5	5
Folin-酚试剂加量/mL	0.5	0.5	0.5
混匀后，置 40 ℃恒温水浴保温 20 min			
$A_{680\ nm}$			

3. 结果计算

由上述样品中测得的吸光度（$A_{680\ nm}$），从酪氨酸标准曲线上查出相当酪氨酸的质量（μg），即可按下列公式计算酶活力：

$$U=\frac{m}{10}\times 4\times f$$

式中　U——蛋白水解酶活力；

m——根据标准曲线查得 $A_{680\ nm}$ 对应酪氨酸的质量，μg；

f——酶液的稀释倍数；

4——测定时取酶解滤液 1 mL，仅为酶促反应总体积的 1/4，故应乘以 4；

10——由于酶促反应时间为 10 min，而计算酶活力单位时，是以每分钟催化水解底物生成 1 μg 酪氨酸的酶量定为 1 个酶的活力单位，故应除以 10。

思考题

测定酶活力时，在具体操作上应注意什么问题？

第五节　新陈代谢实验

实验一　肌糖原的酵解作用

一、实验目的

（1）学习检定糖酵解作用的原理和方法。

（2）了解酵解作用在糖代谢过程中的地位及生理意义。

（3）了解有关组织代谢应注意的一些问题。

二、实验原理

在动物、植物、微生物等许多生物机体内，糖的无氧分解几乎都按完全相同的过程进行。本实验以动物肌肉组织中肌糖原的酵解过程为例。肌糖原的酵解作用，即肌糖原在缺氧的条件下，经过一系列的酶促反应，最后转变成乳酸的过程。肌肉组织中的肌糖原首先磷酸化，经过己糖磷酸酯、丙糖磷酸酯、甘油磷酸酯等一系列中间产物，最后生成乳酸。该过程可综合成下列反应式：

$$\frac{1}{n}(C_6H_{10}O_5)_n + H_2O \longrightarrow 2CH_3CHOHCOOH$$

肌糖原的酵解作用是糖类供给组织能量的一种方式。当机体突然需要大量的能量，而又供氧不足（如剧烈运动时），则糖原的酵解作用可暂时满足能量消耗的需要。在有氧条件下，组织内糖原的酵解作用受到抑制，有氧氧化则为糖代谢的主要途径。

糖原酵解作用的实验，一般使用肌肉糜或肌肉提取液。在用肌肉糜时，必须在无氧条件下进行；而用肌肉提取液，则可在有氧条件下进行。因为催化酵解作用的酶系统全部存在于肌肉提取液中，而催化呼吸作用（即三羧酸循环和氧化呼吸链）的酶系统，则主要集中在线粒体中。

糖原或淀粉的酵解作用，可由乳酸的生成来观测。在除去蛋白质与糖以后，乳酸可以与硫酸共热变成乙醛，后者再与对羟基联苯反应产生紫红色物质，根据颜色的显现而加以鉴定。

$$CH_2(OH)CHCOOH \xrightarrow[\triangle]{浓H_2SO_4} CH_3\overset{O}{\overset{\|}{C}}H + HCOOH$$

$$HO-C_6H_4-C_6H_5 + CH_3CHO \longrightarrow H_3C-CH(C_6H_3(OH)-C_6H_5)_2 + H_2O$$

紫红色

该法比较灵敏，每毫升溶液含 1～5 μg 乳酸即有明显的颜色反应。若有大量糖类和蛋白质等杂质存在，则严重干扰测定，因此实验中应尽量除净这些物质。另外，测定时所用的仪器应严格地洗干净。

三、实验器材

试管及试管架，吸量管（5 mL、2 mL、1 mL），滴管，量筒（10 mL），玻璃棒，恒温水浴锅，沸水浴锅，冰水浴，剪刀及镊子，表面皿，橡皮塞，研钵，小台秤。

四、实验材料和试剂

1. 实验材料

大鼠或兔。

2. 实验试剂

（1）对羟基联苯试剂　称取对羟基联苯 1.5 g，溶于 100 mL 0.5% NaOH 溶液，配成 1.5%的溶液。若对羟基联苯颜色较深，应用丙酮或无水乙醇重结晶。放置时间较长后，会出现针状结晶，应摇匀后使用。

（2）其他试剂　0.5%糖原溶液（或淀粉溶液），20%三氯乙酸溶液，氢氧化钙（粉末），浓硫酸，饱和硫酸铜溶液，1/15 mol/L 磷酸缓冲液（pH 7.4），液体石蜡。

五、实验操作

1. 动物处死和制备肌肉糜

研究机体的新陈代谢，首先要注意使所测得结果尽量符合生物机体的真实情况。杀死动物的方法对于获得真实情况有直接关系。

（1）处死动物　实验中采用的方法很多,下面介绍几种：

① 液氮固定　液氮的沸点是-196 ℃，可以极迅速地将动物冷冻固定，将处于各种机能状态的机体的代谢过程在十几秒之内固定于某一阶段。实验时，先用小杜瓦瓶或广口保温瓶盛取液氮，然后将动物（如大白鼠）迅速投进液氮中，动物因体温骤然剧烈下降而死去，机体中各个酶系及生化成分均被固定，保持受到骤冷时的天然状态。2 min 后，将动物取出（小白鼠固定 0.5 min 即可）置室温下，令液氮挥发殆尽，此时动物组织变得酥脆。取一把锋利的刀，架在动物身体上，再用锤击刀背，将动物劈开后，取肌肉，取若干肌肉硬块放到乳钵中，迅速研成细粉，备用。

② 注入空气 取家兔，于兔耳上找好静脉血管，将灌入空气的注射器的针头插入比较粗的静脉血管中，注入空气，动物于 1～2 min 内死去。

③ 击毙 用铁锤敲击兔或大白鼠的头部，动物立即死去。

④ 斩头 将一锋利的大剪刀于动物颈下张开，左手抚摸动物，使之处于自然状态，出其不意，右手突然用力猛剪，使动物断头而死去。此法适用于体型较小的动物，如大白鼠及小白鼠。

（2）制备肌肉糜 将动物（鼠或兔）杀死后，放血，立即割取背部和腿部肌肉，在低温条件下用剪刀尽量把肌肉剪碎成肌肉糜。注意，应在临用前制备。

2. 肌肉糜的糖酵解

（1）取 4 支试管，编号后各加入新鲜肌肉糜 0.5 g。1、2 号管为样品管，3、4 号管为空白管。向 3、4 号空白管内加入 20%三氯乙酸 3 mL，用玻璃棒将肌肉糜充分打散，搅匀，以沉淀蛋白质和终止酶的反应。

（2）然后分别向 4 支试管内各加入 3 mL pH7.4 磷酸缓冲液和 1 mL 0.5%糖原溶液（或 0.5%淀粉溶液）。用玻璃棒充分搅匀，加 1 mL 液体石蜡隔绝空气，并将 4 支试管同时放入 37 ℃恒温水浴中保温 1～1.5 h。

（3）取出试管，立即向 1、2 号管内加入 20%三氯乙酸 3 mL，混匀。将各试管内容物分别过滤，弃去沉淀。

（4）量取每个样品的滤液 5 mL，分别加入已编号的试管中，然后向每管内加入饱和硫酸铜溶液 1 mL，混匀，再加入 0.5 g 氢氧化钙粉末，用玻璃棒充分搅匀后，放置 30 min，并不时搅动内容物，使糖沉淀完全。将每个样品分别过滤，弃去沉淀。

3. 乳酸的测定

（1）取 4 支洁净、干燥的试管，编号，每个试管加入浓硫酸 2 mL，将试管至于冰水浴中，分别用小滴管取每个样品的滤液 1 滴或 2 滴，逐滴加入已冷却的上述浓硫酸溶液中（注意滴管大小尽可能一致），随加随摇动试管，避免试管内的溶液局部过热。

（2）将试管混合均匀后，放入沸水浴中煮 5 min，取出后冷却，再加入对羟基联苯试剂 2 滴，勿将对羟基联苯试剂滴到试管壁上，混匀试管内容物，比较和记录各试管溶液的颜色深浅，并加以解释。

【注意事项】

（1）对羟基联苯试剂一定要经过纯化，使其呈白色。

（2）在乳酸测定中，试管必须洁净、干燥，防止污染影响结果。所用滴管大小尽可能一致，减少误差。若显色较慢，可将试管放入 37 ℃恒温水浴中保温 10 min，再比较各管颜色。

（3）当有糖的影响时，可加 $Ca(OH)_2$ 和 $CuSO_4$ 去除；当有蛋白质的干扰，加三氯乙酸（TCA）沉淀；无机离子也会对显示产生影响，如 Mg^{2+} 是许多酶的辅助因子，必定影响酶促反应速度，Cu^{2+} 离子可增加乳酸的颜色反应。

思考题

（1）人体和动植物体中糖的贮存形式是什么？实验时，为什么可以用淀粉代替糖原？

（2）试述糖酵解作用的生理意义？

（3）本实验的关键环节是什么？

（4）研究组织代谢实验应注意一些什么问题？

（5）本实验在 37 ℃保温前可以不加液体石蜡吗？为什么？

实验二　脂肪酸 β-氧化

一、实验目的

（1）了解脂肪酸的 β-氧化作用。

（2）掌握测定 β-氧化作用的方法和原理。

二、实验原理

在肝脏中，脂肪酸经 β-氧化作用生成乙酰辅酶 A。2 分子乙酰辅酶 A 可缩合生成乙酰乙酸。乙酰乙酸可脱羧生成丙酮，也可还原生成 β-羟丁酸。乙酰乙酸、β-羟丁酸和丙酮总称为酮体。

脂肪酸 —β-氧化→ $2CH_3COSCoA$ —硫解酶（CoASH）→ $CH_3COCH_2COSCoA$（乙酰乙酰CoA）

—HMG-CoA 合成酶（$CH_3COSCoA$ → CoASH）→ $HOOCCH_2—C(OH)(CH_3)—CH_2COSCoA$ 羟甲基戊二酸单酰CoA（HMGCoA）

—HMG-CoA 裂解酶→ CH_3COCH_2COOH 乙酰乙酸

乙酰乙酸 ⇌ 脱氢酶（NADH + H^+ / NAD^+）$CH_3CHOHCH_2COOH$ β-羟丁酸

乙酰乙酸 —脱羧酶→ CO_2 + CH_3COCH_3 丙酮

本实验用新鲜肝糜与丁酸保温，生成的丙酮在碱性条件下，与碘生成碘仿。反应式如下：

$$2NaOH + I_2 \longrightarrow NaOI + NaI + H_2O$$

$$CH_3COCH_3 + 3NaOI \longrightarrow CHI_3（碘仿）+ CH_3COONa + 2NaOH$$

剩余的碘，可以用标准硫代硫酸钠滴定。

$$NaOI + NaI + 2HCl \longrightarrow I_2 + 2NaCl + 2H_2O$$

$$I_2 + 2Na_2S_2O_3 \longrightarrow Na_2S_4O_6 + 2NaI$$

根据滴定样品与滴定对照所消耗的硫代硫酸钠溶液体积之差，可以计算由丁酸氧化生成丙酮的量。

三、实验器材

锥形瓶 50 mL（×2），移液管 5 mL（×5）、2 mL（×45），微量滴定管 5 mL，漏斗，恒温水浴锅，剪刀，镊子，试管和试管架。

四、实验材料与试剂

1. 实验材料

新鲜猪肝。

2. 实验试剂

（1）0.1%淀粉溶液，0.9%氯化钠溶液，15%三氯乙酸溶液，10%氢氧化钠溶液，10%盐酸溶液。

（2）0.5 mol/L 丁酸溶液：取 5 mL 丁酸溶于 100 mL 0.5 mol/L 氢氧化钠溶液中。

（3）0.1 mol/L 碘溶液：称取 12.7 g 碘和约 25 g 碘化钾溶于水中，稀释到 1000 mL，混匀，用标准 0.05 mol/L 硫代硫酸钠溶液标定。

（4）标准 0.01 mol/L 硫代硫酸钠溶液：临用时将已标定的 0.05 mol/L 硫代硫酸钠溶液稀释成 0.01 mol/L。

（5）1/15 mol/L pH 7.6 磷酸盐缓冲液：1/15 mol/L 磷酸氢二钠溶液 86.8 mL 与 1/15 mol/L 磷酸二氢钠溶液 13.2 mL 混合。

五、实验操作

1. 肝糜的制备

称取肝组织 5 g 置于研钵中。加少量 0.9%氯化钠溶液，研磨成细浆。再加入 0.9%氯化钠溶液至总体积为 10 mL。

2. β-氧化作用

取 2 个 50 mL 锥形瓶，各加入 3 mL 1/15 mol/L pH 7.6 磷酸盐缓冲液。向其中一个锥形瓶中加入 2 mL 0.5 mol/L 丁酸溶液，另一个锥形瓶作为对照，不加丁酸。然后各加入 2 mL 肝组织糜。混匀，置于 37 ℃恒温水浴中保温。

3. 沉淀蛋白质

保温 1.5 h 后，取出锥形瓶，各加入 3 mL15%三氯乙酸溶液，在对照瓶内追加 2 mL 丁酸，混匀，静置 15 min 后过滤。将滤液分别收集在两个试管中。

4. 酮体的测定

吸取 2 种滤液各 2 mL 分别放入另两个锥形瓶中，再各加 3 mL 0.1mol/L 碘溶液和 3 mL 10%氢氧化钠溶液。摇匀后，静置 10 min。加入 3 mL10%盐酸溶液中和。然后用 0.01mol/L 标准硫代硫酸钠溶液滴定剩余的碘。滴定至浅黄色时，加入 3 滴淀粉溶液作为指示剂。摇匀，并继续滴到蓝色消失。记录滴定样品与对照所用的硫代硫酸钠溶液的体积（mL），并按下式计算样品中的丙酮含量（mmol/g）。

5. 计算

$$肝脏中的丙酮含量 = (A-B) \times c$$

式中，A 为滴定对照所消耗的 0.01 mol/L 硫代硫酸钠溶液的体积，mL；B 为滴定样品所消耗的 0.01 mol/L 硫代硫酸钠溶液的体积，mL；c 为标准硫代硫酸钠溶液的浓度，mol/L。

【注意事项】

肝糜必须新鲜，放置过久则失去氧化脂肪酸的能力。

思考题

（1）什么是酮体？

（2）本实验如何计算样品中的丙酮含量？

第六节 分子生物学实验

实验一 生物基因组 DNA 的提取

一、实验目的

掌握不同生物基因组 DNA 提取的原理和方法。

二、实验原理

基因组 DNA 的提取通常用于构建基因组文库、Southern 杂交（包括 RFLP）及 PCR 分离基因等。利用基因组 DNA 较长的特性，可以将其与细胞器或质粒等小分子 DNA 分离。加入一定量的异丙醇或乙醇，基因组的大分子 DNA 即沉淀形成纤维状絮团飘浮其中，可用玻棒将其取出，而小分子 DNA 则只形成颗粒状沉淀附于壁上及底部，从而达到提取的目的。在提取过程中，染色体会发生机械断裂，产生大小不同的片段，因此分离基因组 DNA 时应尽量在温和的条件下操作，如尽量减少酚/氯仿抽提、混匀过程要轻缓，以保证得到较长的 DNA。

不同生物（植物、动物、微生物）的基因组 DNA 的提取方法有所不同；不同种类或同一种类的不同组织因其细胞结构及所含的成分不同，分离方法也有差异。在提取某种特殊组织的 DNA 时必须参照文献和经验建立相应的提取方法，以获得可用的 DNA 大分子。尤其是组织中的多糖和酶类物质对随后的酶切、PCR 反应等有较强的抑制作用，因此用富含这类物质的材料提取基因 DNA 时，应考虑除去多糖和酚类物质。

作为一种阳离子型去污剂，十六烷基三甲基溴化铵（CTAB）可溶解细胞膜，在高离子强度条件下（大于 0.7 mol/L NaCl）可与蛋白和多糖形成复合物沉淀出来。液氮研磨植物组织破碎细胞后，CTAB 缓冲液可将 DNA 溶解出来，再用酚、氯仿抽提的方法去除蛋白，最后用乙醇析出 DNA。

本实验以水稻幼苗（禾本科）、李子（苹果）叶子和大肠杆菌培养物为材料，学习基因组 DNA 提取的一般方法。

三、实验器材

离心机，电子天平，恒温水浴器，高压灭菌锅，微波炉，微量移液器，液氮，研钵，研磨棒，吸头，乳胶手套，1.5 mL EP 管。

四、实验试剂

1. 水稻幼苗或其他禾木科植物基因组 DNA 提取

（1）提取缓冲液Ⅰ：100 mmol/L Tris-HCl，pH 8.0，20 mmol/L EDTA，500 mmol/L NaCl, 1.5% SDS。

（2）提取缓冲液Ⅱ：18.6 g 葡萄糖，6.9 g 二乙基二硫代碳酸钠，6.0 g PVP，240 μL 巯基乙醇，加水至 300 mL。

（3）氯仿∶戊醇∶乙醇（体积比 80∶4∶16）。

（4）20μg/mL RNaseA 溶液。

（5）其他试剂：液氮、异丙醇、TE 缓冲液，无水乙醇、70%乙醇、3 mol/L NaAc 酚氯仿、氯仿和无菌水等。

2. 苹果（李子）的基因组 DNA 提取

3. 细菌基因组 DNA 的提取

（1）CTAB/NaCl 溶液：4.1 g NaCl 溶解于 80 mL H_2O，缓慢加入 10 g CTAB，加水至 100 mL。

（2）其他试剂：氯仿∶异戊醇（24∶1），酚∶氯仿∶异戊醇（25∶24∶1），异丙醇，70%乙醇，TE，10% SDS，20 mg/mL 蛋白酶 K 或粉剂，5 mol/L NaCl RNaseA 液。

五、实验操作

1. 水稻幼苗或其他禾木科植物基因组 DNA 提取

（1）在 50 mL 离心管中加入 20 mL 提取缓冲液Ⅰ，65 ℃水浴预热。

（2）称取 100 mg 左右的新鲜的水稻植株放入研钵中，加入液氮，研磨成粉末状，转移至 1.5 mL EP 管中。

（3）加入 600 μL 65 ℃预热的 CTAB 提取液（83.5 μL mmol/L Tris、pH 7.5，1.175 mol/L NaCl，16.7 mmol/L EDTA、pH 8.0，1.67%CTAB，临用前加入 1%的β-巯基乙醇），涡旋混匀。

（4）室温下 5000 r/min 离心 5min。

（5）65 ℃水浴 30 min，每 10 min 颠倒混匀一次。

（6）取出离心管，冷却后加入 600 μL 酚：氯仿：异戊醇混合液，混匀。

（7）12 000 r/min 离心 5 min，取上清液约 600 μL 于新的 1.5 mL EP 管中。

（8）加入与上清等体积的氯仿，混匀，12 000 r/min 离心 5 min，取上清。

（9）加入 600 μL 无水乙醇，上下颠倒混匀，−20 ℃沉淀 DNA 20 min。

（10）12 000 r/min 离心 5 min，弃上清。

（11）1 mL 70%乙醇（预冷）洗涤沉淀 2 次，12 000 r/min 离心 2 min，风干。

（12）加入 30 μL 无菌水（含 20 μg/mL RNase A）37 ℃溶解 DNA 30 min。

（13）取 5 μL DNA 样品进行琼脂糖凝胶电泳检测，测定 $A_{260\ nm}/A_{280\ nm}$，检测 DNA 含量及质量。

2. 从李子（苹果）叶子提取基因组 DNA

（1）称取 3～5 g 李子（苹果）嫩叶，剪碎，在研钵中加液氮，磨成粉状。

（2）立即加入提取缓冲液Ⅱ 10 mL，再研磨至溶浆状，10 000 r/min 离心 10 min。

（3）去上清液后，沉淀加入提取缓冲液Ⅰ 20 mL，混匀，65 ℃保温 30～60 min，不时摇动。

（4）～（14）同本节 1.“水稻幼苗或其他禾木科植物基因组 DNA 提取”中步骤（3）～（13）操作完全一样。

3. 细菌基因组 DNA 的提取

（1）量取 100 mL 细菌过夜培养液，5000 r/min 离心 10 min，去上清液。

（2）加 9.5 mL TE 悬浮沉淀，并加 0.5 mL 10% SDS，50 μL 20 mg/mL（或 1 mg 干粉）蛋白酶 K，混匀，37 ℃保温 1 h。

（3）加 1.5 mL 5mol/L NaCl，混匀。

（4）加 1.5 mL CTAB/NaCl 溶液，混匀，65 ℃保温 20 min。

（5）用等体积酚：氯仿：异戊醇（25：24：1）抽提，5000 r/min 离心 10 min，将上清液移至干净离心管。

（6）用等体积氯仿：异戊醇（24：1）抽提，取上清液移至干净管中。

（7）加 1 倍体积异丙醇，颠倒混合，室温下静止 10 min，沉淀 DNA。

（8）用玻棒捞出 DNA 沉淀，70%乙醇漂洗后，吸干，溶解于 1 mL TE，−20 ℃保存。如 DNA 沉淀无法捞出，可 5000 r/min 离心，使 DNA 沉淀。

（9）如要除去其中的 RNA，可加 5 μL RNaseA（20 μg/μL），37 ℃保温 30 min 处理。

【注意事项】

（1）取酚氯仿混合液时要吸取上层。

（2）氯仿抽提后取上清液时不要吸到蛋白层。

（3）风干时间可适当延长，尽可能挥发掉残余的乙醇。

思考题

（1）基因组 DNA 提取过程中，每个步骤的目的和原理是什么？

（2）DNA 提取过程中的关键步骤及注意事项有哪些？

实验二　生物基因组 DNA 的检测

一、实验目的

学习并掌握检测基因组 DNA 含量和质量的一般方法。

二、实验原理

上述方法得到的 DNA 一般可以用作 Southern、RFLP、PCR 等分析。由于所用材料的不同，得到的 DNA 产量及质量均不同，有时 DNA 中含有酚类和多糖类物质，会影响酶切和 PCR 的效果。所以获得基因组 DNA 后，均需检测 DNA 的产量和质量。

核酸（DNA 或 RNA）由于含有嘌呤和嘧啶环的共轭双键，在 260 nm 波长处有特异的紫外吸收峰，其吸收强度与核酸浓度成正比。1 $OD_{260\ nm}$ 相当于 dsDNA 50 μg/mL、ssDNA 33 μg/mL、ssRNA 43 μg/mL，可以此来计算核酸的浓度。此外，可依据紫外吸光度比值（$A_{260\ nm}/A_{280\ nm}$）评估核酸质量，若 DNA 的 $A_{260\ nm}/A_{280\ nm}$ 比值高于 2.0，则可能有 RNA 污染，低于 1.8 则有蛋白质污染。

三、实验器材

恒温水浴器，紫外分光光度计，电泳仪，微量移液器，吸头，乳胶手套，1.5 mL EP 管。

四、实验试剂

（1）限制性内切酶：Hind Ⅲ。

（2）琼脂糖凝胶。

（3）TBE缓冲液（5×）：Tris 54 g，硼酸27.5 g，并加入0.5 mol/L EDTA（pH 8.0）20 mL，定容至1000 mL。

（4）上样缓冲液（6×）：0.25%溴酚蓝，0.4 mg/mL蔗糖水溶液。

（5）DNA。

五、实验操作

1. 紫外分光光度法检测

将前面实验一提取得到的DNA溶液稀释20～30倍后，使用紫外分光光度计测定$A_{260\ nm}/A_{280\ nm}$比值，通过$A_{260\ nm}$可大致确定提取DNA的浓度，而通过这个比值可确定DNA的提取质量。

2. 琼脂糖凝胶电泳法检测

（1）取2～5 μL在0.7%琼脂糖凝胶上电泳，检测DNA的分子大小。

（2）取2 μg DNA，用10 U Hind Ⅲ酶切过夜，在0.7%琼脂糖凝胶上电泳，检测能否完全酶解（进行RFLP时，DNA必须完全酶解）。

【注意事项】

（1）如果蛋白质和RNA未去除干净，可以重复酚、酚/氯仿、氯仿抽提步骤，继续用RNase处理，乙醇沉淀，重新溶解于TE或双蒸水中，直到基因组DNA纯度和质量符合要求。

（2）如果DNA中所含杂质多，不能完全酶切，或小分子DNA多，影响后续的分析和操作，可以用下列方法处理：

① 选用幼嫩植物组织，可减少淀粉类的含量。

② 酚/氯仿抽提，去除蛋白质和多糖。

③ Sepharose柱过滤，去除酚类、多糖和小分子DNA。

④ CsCl梯度离心，去除杂质，分离大片段DNA。

思考题

（1）所提取的DNA是否是纯品？如何进一步提高其纯度？

（2）如何检测和保证DNA的质量？

实验三　质粒DNA的提取

一、实验目的

学习和掌握碱变性法提取质粒DNA的原理和方法。

二、实验原理

碱变性法提取质粒 DNA 是根据共价闭合环状 DNA 与线性 DNA 的变性与复性的差异而达到分离的目的。在强碱条件下，DNA 的氢键断裂，双螺旋结构解开变性，而超螺旋共价闭合环状的两条链不会完全分离，彼此互相盘绕，紧密结合在一起。当 pH 为中性时，变性质粒 DNA 复性回复到原来的结构，而染色体 DNA 不能复性，其相互缠绕形成网状结构，并与细菌的蛋白质、破裂的细胞壁相互缠绕成大型复合物，后者可通过离心沉淀去除。

三、实验器材

微量移液器，Eppendorf 管，量筒，锥形瓶，烧杯，冰箱，恒温振荡器，恒温水浴锅，高速离心机，电子天平，高压灭菌锅，液氮，研钵，研磨棒，吸头，移液器，乳胶手套。

四、实验材料与试剂

（1）苯酚：氯仿：异戊醇（25：24：1）。

（2）10 mg/mL 核糖核酸酶 A（RNase A）。

（3）100 μg/mL 氨苄青霉素（Amp）。

（4）TE 缓冲液：10 mmol/L Tris-HCl（pH 7.4～8.0）、1 mmol/L EDTA（pH 8.0）。

（5）LB 培养基：蛋白胨 10 g、酵母浸出粉 5 g、NaCl 10 g、蒸馏水 1 L（pH 7.2）。

（6）溶液Ⅰ：50 mmol/L 葡萄糖、25 mmol/L Tris-HCl（pH 8.0）、10 mmol/L EDTA。

（7）溶剂Ⅱ：0.4 mol/L NaOH、2% SDS，使用前等体积混合。

（8）溶剂Ⅲ：3 mol/L 乙酸钾（pH 4.8）10 mL、5 mmol/L 乙酸钾 60 mL、冰乙酸 11.5 mL、水 28.5 mL。

（9）70%乙醇。

（10）无水乙醇。

（11）2.5 mol/L 乙醇钠。

五、实验操作

（1）接种大肠杆菌 DH5α 于 LB 液体培养基中，37 ℃过夜培养。

（2）取 1.5 mL 培养液于 Eppendorf 管中，4 ℃条件下 12 000 r/min 离心 2 min。

（3）弃上清液，加入 100 μL 溶液Ⅰ，涡旋混合振荡 1 min，冰浴 10 min。

（4）加入 200 μL 溶剂Ⅱ，颠倒混匀，避免剧烈振荡，冰浴 3 min。

（5）加入 150 μL 溶剂Ⅲ（需要冰上预冷），颠倒充分混匀，冰浴 5 min。

（6）4 ℃条件下 12 000 r/min 离心 5 min，收集上清液于另一新的 Eppendorf 管中。

（7）加入 RNase A，37 ℃保温 30 min。

（8）加入等体积酚/氯仿，涡旋振荡 1～2 min，4 ℃条件下 10 000 r/min 离心 2 min，收集上清液于另一新的 Eppendorf 管中。

（9）重复步骤（8）。

（10）加入 0.1 倍体积的 2.5 mol/L 乙酸钠，加入 2 倍体积的乙醇，混匀后室温放置 5 min。

（11）4 ℃条件下 10 000 r/min 离心 10 min，弃上清液，将 Eppendorf 管倒扣在吸水纸上，尽量吸干残余液体。

（12）加入 1 mL 70%乙醇漂洗沉淀，4 ℃条件下 12 000 r/min 离心 2 min，弃上清。

（13）将 Eppendorf 管倒扣在吸水纸上，吸干残余乙醇。

（14）加入 30 μL TE 缓冲液，−20 ℃保存。

【注意事项】

（1）提取过程应尽量保持低温。

（2）提取质粒 DNA 过程中除去蛋白质很重要，采用酚/氯仿去除蛋白质效果较单独用酚或氯仿好，要将蛋白质尽量除干净需多次抽提。

（3）沉淀 DNA 通常使用冰乙醇，在低温条件下放置时间稍长可使 DNA 沉淀完全。沉淀 DNA 也可用异丙醇（一般使用等体积），可沉淀完全，速度快，但常把盐沉淀下来，所以多数还是用乙醇。

（4）加入溶液Ⅱ和溶液Ⅲ后操作应温和，切忌剧烈振荡。

（5）由于 RNase A 中常存在有 DNA 酶,利用 RNA 酶耐热的特性，使用时应先对该酶液进行热处理（80 ℃ 1 h），使 DNA 酶失活。

思考题

（1）质粒的基本性质有哪些？

（2）在碱法提取质粒 DNA 操作过程中应注意哪些问题？

（3）碱法提取质粒 DNA 时，溶液Ⅰ、溶液Ⅱ和溶液Ⅲ处理的目的是什么？其加入顺序是否可以颠倒，为什么？

实验四　DNA 的 PCR 扩增

一、实验目的

（1）掌握 PCR 扩增目的 DNA 的技术及原理。

（2）学习 PCR 扩增仪的使用方法。

二、实验原理

聚合酶链式反应（PCR）是一种体外 DNA 扩增技术，能在几小时的实验操作中，将人为选定的一段 DNA 扩增几百万倍，具有灵敏度高、特异性强、操作简便和应用广泛等优点，目前已成为分子生物学及基因工程中极为有用的研究手段，另外在医学研究和医疗诊断中亦体现出极大的应用价值。

PCR 的工作原理类似于 DNA 的体内复制过程，是将待扩增的 DNA 片段和与其两侧互补的寡核苷酸链引物经变性、退火及延伸三步反应的多次循环，使特定的 DNA 片段在数量上呈指数增加。PCR 扩增首先需要一对引物，根据待扩增区域两侧的已知序列合成两个与模板 DNA 互补的寡核苷酸作为引物，引物序列将决定扩增片段的特异性和片段长度。

反应体系由模板 DNA、一对引物、dNTP、耐高温的 DNA 聚合酶、酶反应缓冲体系及必需的离子等所组成。PCR 反应循环的第一步为加热变性，使双链模板 DNA 变性为单链；第二步为复性，每个引物将与互补的 DNA 序列杂交；第三步为延伸，在耐高温的 DNA 聚合酶作用下，以变性的单链 DNA 为模板，从引物 3′端开始按 5′→3′方向合成 DNA 链。这样经过一个周期的变性-复性-延伸的三步反应就可以产生倍增的 DNA，假设 PCR 的效率为 100%,反复 n 周期后，理论上就能扩增 $2n$ 倍。PCR 反应一般 30～40 次循环，DNA 片段可放大数百万倍。常规 PCR 反应用于已知 DNA 序列的扩增，变性温度为 95 ℃，复性温度为 37～55 ℃，延伸合成温度为 72 ℃，DNA 聚合酶为 Taq 酶（可耐受 95 ℃左右的高温而不失活），反应循环数为 30。

三、实验器材

PCR 扩增仪，台式高速离心机，移液器，经高压灭菌后的 Eppendorf 管，电泳仪，电泳槽，一次性手套，其他玻璃器材等。

四、实验材料与试剂

（1）0.1 μg/μL 植物模板 DNA。

（2）5 U/μL ExTaq DNA 聚合酶，20 mmol/L 10×ExTaq Buffer（Mg^{2+} plus），dNTP 混合物（各 25 mmol/L）[宝日医生物技术（北京）有限公司]。

（3）10 μmol/L 引物：Primer 5 软件设计引物，并合成与目的 DNA 两侧互补的引物 1 和 2。

（4）ddH_2O（高温灭菌）。

（5）本节实验一制备的高质量 DNA 样品。

（6）Goldview 染料，或溴化乙锭（EB）。

五、实验操作

1. 准备 PCR 反应溶液 50 μL

（1）将下列成分依次加入 250 μL 灭菌 Eppendorf 管内，混合。

ExTaq DNA 聚合酶	0.25 μL
10×ExTaq Buffer（Mg^{2+} plus）	5 μL
dNTP 混合物	4 μL
引物 1	2 μL
引物 2	2 μL
DNA 模板	1 μL
ddH_2O	35.75 μL

（2）用手指轻弹 Eppendorf 管底部，使溶液混匀，在台式离心机中离心 2 s 以集中溶液于管底。

2. PCR 扩增反应

将加好样品的 Eppendorf 管置于 PCR 扩增仪内，按照如下程序扩增：

95 ℃，5 min（预变性）

95 ℃，30 s （变性）
55 ℃，30 s（退火）
72 ℃，1 min（延伸时间依据目的片段而定）
} 30 次循环

72 ℃，10 min

4 ℃，保存

反应完毕，取出样品，进行琼脂糖凝胶电泳，溴化乙锭(EB)染色，观察 DNA 条带。

【注意事项】

（1）PCR 结果若出现非特异性的扩增条带，有必要进一步优化反应条件，包括改变退火温度和时间，调整 Mg^{2+}浓度等。

（2）PCR 反应特异性强，引物浓度、ExTaq DNA 聚合酶和 dNTP 的量不宜过多。

（3）引物设计要合理。一般引物长度为 18～30 个核苷酸；引物间的 GC 含量应为 40%～60%，而且避免引物内部产生二级结构；引物 3′端不应该互补，避免在 PCR 反应过程中产生引物二聚体；避免引物 3′端出现 3 个连续的 G 或 C；理想的情况下，成对引物的 G、C 含量应相似以便以相近的退火温度与互补的模板链相结合，此外，引物 5′端序列对于后续操作也是十分有用的，例如，对 PCR 产物进行克隆时，可以考虑在引物 5′端引入限制性酶切位点。

思考题

（1）影响 PCR 的因素有哪些？

（2）PCR 基因扩增的基本原理是什么？其基本反应步骤有哪些？

实验五　DNA 琼脂糖凝胶电泳

一、实验目的

学习和掌握 DNA 琼脂糖凝胶电泳的原理和基本操作。

二、实验原理

琼脂糖电泳是一种以琼脂糖凝胶为支持物的凝胶电泳，其分析原理与其他支持物电泳的最主要区别是：它兼有“分子筛”和“电泳”的双重作用。DNA 分子在琼脂糖凝胶中泳动时有电荷效应和分子筛效应，前者由分子所带电荷量的多少而定，后者主要与分子大小及构象有关。DNA 分子在高于其等电点的 pH 溶液中带负电荷，在电场中向正极移动。DNA 泳动的速率取决于 DNA 分子的大小和构象，DNA 的迁移速度与其分子量的对数成反比。同样分子量的 DNA，超螺旋共价闭合质粒 DNA、线状 DNA、开环 DNA 的迁移速度依次变慢。

观察 DNA 条带需要对 DNA 分子进行“染色”，最常用的染料是荧光染料溴化乙锭（ethidium bromide，EB）。EB 在紫外灯照射下发出红色荧光。当 DNA 样品在琼脂糖凝胶中泳动时，EB 会插入 DNA 分子中形成荧光结合物，荧光强度与 DNA 含量成正比。将已知浓度的标准样品作电泳对照，就可估计出待测样品的浓度。并且可以依据 DNA Marker 条带大小估计样品 DNA 大小。

三、实验器材

Eppendorf 管，微量移液器，微波炉，电泳仪，紫外检测仪，电泳槽，一次性手套等。

四、实验试剂

（1）2000 DNA Marker（索莱宝）。

（2）PCR 产物。

（3）琼脂糖。

（4）10×上样缓冲液（Loading Buffer）。

（5）1 L 50×TAE Buffer：称取 Tris 242 g、$Na_2EDTA \cdot 2H_2O$ 37.2 g，加入由去离子水 800 mL 和醋酸 57.1 mL 混合的溶液中，充分搅拌，用去离子水定容至 1 L，室温保存，使用前稀释成 1×TAE Buffer 备用。

（6）2 mol/L Tris-醋酸。

（7）100 mmol/L EDTA。

（8）1 mg/mL 溴化乙锭（EB）溶液：称量 100 mg 溴化乙锭于棕色试剂瓶内，加入 100 mL 去离子水，轻轻摇匀，瓶外用锡箔纸包好，置 4 ℃冰箱备用。

五、实验操作

1. 1%琼脂糖凝胶的制备

称取 0.2 g 琼脂糖，放入锥形瓶中，加入 20 mL 1×TAE Buffer，置于微波炉加热至完全熔化，待琼脂糖凝胶溶液冷却至 50 ℃左右，加入溴化乙锭溶液，使其终浓度为 0.5 μg/mL。

2. 凝胶板的制备

（1）将有机玻璃胶槽两端分别用橡皮膏（宽约 1 cm）紧密封住。将封好的胶槽置于水平支持物上，插上样品梳子，注意观察梳子齿下缘应与胶槽底面保持 1 mm 左右的间隙。

（2）将加有 EB 的琼脂糖凝胶溶液缓缓倒入有机玻璃内槽（注意不要有气泡）。

（3）待凝胶凝固后，小心取出梳子，并取下两端的胶带，放入电泳槽内。

（4）加入足量的 1×TAE Buffer，使液面略高出凝胶面。

3. 加样

向 9 μL DNA 样品中加入 1 μL 10×上样缓冲液，混匀，用移液器将其加入样孔（胶孔），同样吸取 5 μL DNA Marker 加入另一胶孔内，记录点样次序与点样量。

4. 电泳

盖上电泳槽盖，立即接通电源。控制电压保持在 60～80 V，电流在 40 mA 以上。当溴酚蓝条带移动到距凝胶前沿约 2 cm 时，停止电泳。

5. 观察

在紫外灯下观察凝胶，DNA 存在处显出橘红色荧光条带。紫光灯下观察时应戴上防护眼镜或有机玻璃面罩，以免损伤眼睛。记录电泳结果或者直接拍照保存结果。

【注意事项】

（1）电泳中所使用的染料 EB 是致癌物质，一定要小心，避免其接触皮肤等，进行电泳操作的时候一定要戴手套，手套要及时更换，现在也出了一些 EB 的替代物，如 Goldview 等。

（2）须待胶液冷到一定温度后才能加入 EB，混匀后倒胶，并且倒胶时避免产生气泡。

（3）在紫外灯下观察凝胶电泳结果应佩戴防护眼镜。

思考题

若PCR产物的琼脂糖凝胶电泳结果未出现预期的结果，可能的原因是什么？

实验六 从琼脂糖凝胶中回收DNA片段

一、实验目的

学习并掌握从琼脂糖凝胶中回收DNA片段的操作方法。

二、实验原理

在生物技术实验中，PCR反应获得的目的片段、酶切后所得特定的DNA序列、分子杂交中所制备的探针等，经过琼脂糖凝胶电泳后，目的片段与其他DNA分开，这就需要有一套方法将目的DNA从凝胶中分离出来，通过处理后得到纯化的目的DNA，以用于以后分子杂交、重组子构建、序列分析等。

从含有不同大小的DNA片段的混合物（如DNA的酶切产物）中，分离回收特定分子质量的DNA片段，是基因操作的基础工作之一。现在常用的技术有电洗脱法、低熔点琼脂糖凝胶法、DEAE滤膜插片法等。

在琼脂糖主链导入羟乙基修饰后，其凝固温度降为30 ℃，熔化温度为65 ℃，低于绝大多数双链DNA的变性温度。利用此特性，经普通琼脂糖凝胶电泳分离DNA样品后，于待回收纯化的DNA片段前缘切除一小块比待回收的DNA片段区域稍大的凝胶块后，填充相应浓度的低熔点琼脂糖，待其凝固成胶后继续电泳，紫外灯下观察，当所需DNA区带完全进入低熔点胶时，在紫外灯下切取所需DNA片段区域的低熔点凝胶，移入Eppendorf管，65 ℃融化凝胶，苯酚：氯仿：异丙醇（25：24：1）抽提，乙醇沉淀纯化DNA。

三、实验器材

恒温水浴锅，离心机，移液器，电泳仪及电泳槽，紫外检测器，刀片，样品DNA，Eppendorf管等。

四、实验试剂

（1）琼脂糖。

（2）低熔点琼脂糖。

（3）0.5×TBE电泳缓冲液。

（4）10×上样缓冲液。

（5）0.5 g/mL溴化乙锭。

（6）DNA分子量标准品（DL 2000 DNA Marker）。

（7）Tris 饱和苯酚。

（8）氯仿∶异戊醇（24∶1 体积比）。

（9）预冷的 70%乙醇及 95%乙醇。

（10）3 mol/L 醋酸钠溶液（pH 5.2）。

（11）TE 缓冲液（pH 8.0）。

（12）重组质粒的酶解产物。

（13）灭菌双重蒸馏水。

五、实验操作

（1）以 0.5×TBE 电泳缓冲液制备含 0.5 g/mL 溴乙锭的 1%琼脂糖凝胶。

（2）加 4 μL 的 10×上样缓冲液于 20 μL 重组质粒的酶解产物中，混匀后上样于凝胶加样孔内，并于两侧的上样孔内加入 DNA 分子量标准品。

（3）2～5 V/cm 电泳 1 h 后，紫外线灯下观察 DNA 区带泳动情况，待各区带完全分开后，取出凝胶槽，在待回收纯化的 DNA 片段前缘切除一小块比待回收的 DNA 片段区域稍大的凝胶块，并在切除了凝胶的空隙中填充 1%的低熔点琼脂糖，待其凝固后继续电泳，紫外线灯下观察，使待回收的 DNA 区带完全进入低熔点凝胶内。

（4）取出凝胶，在紫外灯下切取所需 DNA 片段区域的低熔点凝胶，移入 1.5 mL 的 Eppendorf 管，加入 5 倍体积的 TE 缓冲液，于 65 ℃水浴 5～10 min 融化凝胶。

（5）冷却至室温时加入等体积的饱和苯酚，强烈振荡混匀 20 min，于室温 12 000 r/min 离心 5 min，吸取上清液并转入另一干净的 1.5 mL Eppendorf 管，用饱和苯酚重复抽提一次后，以氯仿-异戊醇抽提一次并转移上清液入另一干净的 1.5 mL Eppendorf 管。

（6）加入 1/10 体积的 3 mol/L 醋酸钠溶液（pH 5.2）和 2.5 倍体积的预冷的 95%乙醇，混匀后于−70 ℃放置 30 min。4 ℃ 12 000 r/min 离心 10 min，弃上清液。用 0.5 mL 的 70%乙醇洗涤 DNA 沉淀 1 次，4 ℃ 12 000 r/min 离心 5 min，弃上清液。在消毒的滤纸上吸干管口残留的乙醇后，真空抽吸 2 min 以去残留的痕量乙醇。

（7）加适当体积（40 μL）的灭菌双重蒸馏水溶解 DNA，存储于−20 ℃备用。

【注意事项】

（1）低熔点琼脂糖，不但熔点降低到 65 ℃左右，更重要的是，其中 DNA 工具酶的抑制物含量很少，所以有些低熔点琼脂糖可以直接在其溶液中对 DNA 进行内切酶消化和 DNA 片段之间的连接反应。即含 DNA 的低熔点凝胶经熔化后，可直接加入酶反应缓冲液中进行 DNA 连接、探针标记及内切酶消化等反应，大大简化了 DNA 回收的操作程序。

（2）应尽量提高 DNA 上样量，减小 DNA 回收时的洗脱体积；使用长波（300～360 nm）紫外灯观察，观察的时间应尽可能短，以减少紫外线对 DNA 片段的损伤。

（3）在所需 DNA 区带前挖槽沟时，凝胶切割应整齐，去掉沟内凝胶后，应用电泳液反复冲洗去除沟内残余的凝胶颗粒。

思考题

比较在琼脂糖凝胶中提取 DNA 的方法与从生物组织细胞中直接提取 DNA 的区别。

实验七 限制性核酸内切酶消化、连接与 TA 克隆

一、实验目的

Ⅱ型限制性内切酶是一类可以识别并结合到双链 DNA 的特异核酸序列上并能对其进行水解切割的酶。至今已有几千种不同的限制性内切酶被分离出来，分别表现出几百种不同的序列（底物）特异性，通常根据其来源细菌的名称对他们加以命名。它们是现代分子生物学中进行 DNA 序列操作与鉴定的主要工具之一。连接是将两个不同的 DNA 片段“黏合”在一起，它在重组 DNA 技术中至关重要。TA 克隆则是一种快速的、一步就可以将 PCR 产物直接插入质粒载体的方法。通过本实验掌握限制性内切酶消化、DNA 连接和 TA 克隆的原理与方法。

二、实验原理

限制性核酸内切酶（限制性酶）通过对脱氧核糖和磷酸基团作用，从而对 DNA 进行水解，结果分别在两条双链的末端留下 5′端磷酸基团和 3′端羟基。然而仍然有少数限制性核酸内切酶可以切割单链 DNA，尽管其切割效率很低。

限制性核酸内切酶一个特性是其所识别的序列是回文结构，即两条链在 5′→3′方向上分别具有相同的序列。典型的限制性酶切位点（Ⅱ型）是一个由 4、5、6、7 或 8 个碱基组成的具有一个旋转对称轴的精确回文结构（如 *Eco*R Ⅰ的识别序列为 GAATTC）。一些限制性酶在 DNA 双链识别中心周围做交错对称切割，另一些酶在识别位点中心进行对称切割。前一种情况产生 DNA 黏性末端，后一种情况产生 DNA 钝端。

在进行限制性酶消化时，将双链 DNA 分子与适量的限制性酶以及供应商推

荐的相应的缓冲液中进行混合保温，并在该酶的最适温度下进行反应。典型的消化反应需要保证足够的酶量，即每毫克起始双链DNA需要1个酶单位的酶量，1个酶单位通常定义（依据供应商）为1 h内在合适的温度下，尤其是37 ℃下，用于完全消化1 mg双链DNA的酶的数量。为了保证消化完全，通常需要保温1～3 h。

线性DNA片段通过共价键连在一起的过程称为连接。更明确地说，连接包括在一个核苷酸的3′端羟基与另外一个核苷酸的5′端磷酸基团之间形成磷酸二酯键的过程。一般采用T4 DNA连接酶连接DNA片段，它来源于T4噬菌体。T4 DNA连接酶可以连接具有单链突出的黏性末端片段，但同时也可以连接具有平齐末端的片段，只是此时需要较高浓度的连接酶。除了水之外，连接反应通常还需要三种组分：两个或两个以上的具有匹配的黏性末端或平齐末端的DNA片段；含有ATP的限制性核酸内切酶缓冲液；T4 DNA连接酶。

TA克隆是一种一步就可以直接将PCR产物质粒载体快速克隆的方法。TA克隆是利用在PCR反应中热稳定聚合酶（即Taq聚合酶）可以不依赖模板而向PCR产物3′末端加上一个腺苷酸（A）。这些突出的3′A末端即可用于将PCR产物直接插入具有一个3′T突出的线性T载体分子位点。这一方法省略了诸如用Klenow酶或T4多聚激酶对PCR产物进行修饰，以使其形成钝端或添加插入用的接头等一些费时的修饰过程。

三、实验器材

恒温水浴锅，离心机，移液器，电泳仪及电泳槽，紫外检测器，刀片，样品DNA，Eppendorf管等。

四、实验试剂

（1）未线性化的质粒pBR329。

（2）限制性酶*Eco*RⅠ、*Hind*Ⅲ、*Bam*HⅠ、*Xba*Ⅰ。

（3）含有ATP的限制性核酸内切酶缓冲液。

（4）本节实验三制备的质粒样品。

（5）DL2000 DNA分子量标准品。

（6）具有T突出的T载体。

（7）T4 DNA连接酶。

（8）Taq聚合酶扩增得到的PCR产物。

（9）ddH_2O。

（10）10×连接缓冲液。

（11）扩增的靶细胞。

五、实验操作

1. 限制性核酸内切酶消化

（1）−20 ℃冰箱中取出实验三制备的质粒样品，让其升至室温。

（2）限制性核酸内切酶消化是在特定的缓冲液中进行的。缓冲液是 10×连接缓冲液，使用时必须稀释成 1×反应液。反应可以在 20 μL 总体积中进行。

（3）在 PCR 管中加入 10 μL 质粒 DNA，7 μL dd H_2O，2 μL 缓冲液，1 μL 限制型核酸内切酶液。

（4）加入所有组分后，轻弹混匀并在微量离心机上离心 2～3 min，将试剂离心至管底。

（5）将试管于 37 ℃水浴保温 2 h。

（6）与此同时，按本节实验二方法进行琼脂糖凝胶电泳法检测。

（7）将限制性核酸酶切割的质粒泳道与未切割的质粒泳道进行比较。它们应该有所不同。否则，消化反应就很可能有问题。

2. 连接与 TA 克隆

（1）在 1 个微量离心管中按表 4-6 建立以下连接混合物。

表 4-6 连接混合物制备

添加试剂及顺序	添加量
25 μg/mL 扩增的靶 DNA	1 μL
T 载体	20 ng
10 × 连接缓冲液	1 μL
T4 DNA 连接酶	1 μL
ddH_2O	加至 10 μL

（2）将连接混合物于 16 ℃连接 12 h。

（3）用 10 μL H_2O 将 5 μL 连接混合物进行稀释，然后采用本节实验六的方法转化至合适的 *E. coli* 感受态细胞，并将转化的细胞培养物涂布在含有 IPTG、*X*-gal 以及相应的抗生素的平板上。

【注意事项】

（1）除了具有 3′端到 5′端核酸外切酶活性的聚合酶（如 Vent 和 Pfu 酶）扩增得到的产物由于其克隆效率极低之外，任何条件下的 PCR 产物都可以用作 TA 克隆。除非产物含有较多的杂质，否则并不需要进行清洁或纯化。

（2）T4 DNA 连接酶 10×连接缓冲液含有 ATP，如果温度波动，它会降解。因此，使用时应分装成只使用一次的小包装，以免反复冻融。

（3）如果融化的 10×连接缓冲液出现沉淀，就必须对其进行旋涡混合以使沉淀重新溶解（旋涡混合前可在手指间滚动试管，这有助于使溶液升温）。

（4）为使只具有单个碱基突出的黏端退火充分，连接反应应在低温下进行。如果连接温度高于 15 ℃就会使重组子数目锐减。

思考题

（1）影响 T4 DNA 连接酶连接的主要因素有哪些？

（2）重组质粒连接时需要注意的事项。

第五章 设计性实验

近年来，社会各方面对学生动手能力、综合素质和创新能力提出了更新、更高的要求。“创新是一个民族进步的灵魂，是一个国家兴旺发达的不竭动力。”在高等教育阶段，最重要的任务是培养学生具有各种专业知识和创造能力。而开好设计性实验课，就有利于学生创造能力的培养。开设设计性实验的目的在于着重培养学生独立解决实际问题的能力、创新能力、组织管理能力和科研能力。设计性实验是结合各种教学或独立于各种教学而进行的一种探索性的实验。它不但要求学生综合多门学科的知识和各种实验原理来设计实验方案，而且要求学生能充分运用已学到的知识，去发现问题、解决问题。

设计性实验一般是在学生经历了常规或综合性实验训练的基础上，经历了一个由浅入深的过程之后开设。开设时可由指导教师出题目、给方案、给实验目的要求和实验条件，由学生自己拟定步骤、自己选定仪器设备、自己绘制图表等。更进一步的设计性实验则是在指导教师出题后，全部由学生自己组织实验，甚至可以让学生自己选题、自己设计，在教师的指导下进行，以最大限度发挥学生学习的主动性。

设计性实验的组织实施方式如下。

（1）设计性实验需要在教师的精心组织下进行。首先由教师以专题讲座的形式介绍实验设计的目的和意义，讲解如何选题、如何查阅文献、实验设计的内容和步骤、注意事项、实验设计书的书写格式等。教师在布置设计性实验任务时，要向学生介绍本实验室和本校可以利用的实验室现有条件，包括设备、仪器、试剂、药品等。

（2）学生查阅文献，设计课题可根据教师的安排和要求，由 2～3 名学生组成一个实验小组，利用 1～2 周时间，查阅文献，确定选题。为便于组织和实施，学生可根据教师所指定的选题范围和提供的实验条件进行灵活选题，设计实验方案。

（3）学生在完成实验方案的设计后，应立即上交给教师，然后做好开题报告的准备：电子幻灯片的制作（如 Powerpoint）、确定主要发言者（报告人）、补充者、答辩者等，让组内每个成员都有锻炼的机会。辅导教师则通过认真阅读学生提交的实验设计方案，提出疑问、建议和修改意见。

开题报告安排一个单元时间（4 学时），由班长或学习委员主持。每个课题组向全班同学作开题报告，包括设计性实验的题目、选题依据、实验目的、技术路线和方法、实验器材、试剂及动物、预期结果及可能存在的问题和解决方法，时间为 10～15 min。然后由同学和辅导教师对课题质疑，课题组答辩，时间为 10～15 min。在此过程中，学生要畅所欲言，展开讨论，敢于提出自己的见解和疑问。最后，由辅导教师汇总大家的意见，对每个课题设计方案进行点评，提出修改意见。课题组根据同学和教师的意见，进一步修改和完善设计方案，并上报给辅导教师及准备室。

（4）指导学生进行实验

① 实验准备：学生进行设计性实验，要分工合作，人人参与，并从实验准备入手，掌握课题研究的全过程。实验准备工作包括仪器、试剂、其他材料的准备等。最好做些小规模的预实验，以摸清实验条件或预期结果。

② 实验记录及原始数据：在实验过程中，实时、详细地记录实验结果，并注意保存好这些原始数据。原始数据不应任意涂改，确属记录错误，应当在错误处填写上正确数据，并且由修改者签名，原始数据仍应保留并清晰可见。

实验时，由学生自己主持进行实验操作，教师主要在关键环节上给予指导和把关，以免由于学生操作不熟练而造成整个实验的失败。另外。由于教学时数的限制，学生设计性实验主要在晚上、周末或假日完成，因此要开放相关实验室，并适当安排辅导教师和技术人员值班，对学生实验进行指导。以下列举了八个以设计性实验，抛砖引玉。

实验设计一　植物总黄酮的提取和测定

【实验目的】

学习植物体内总黄酮的提取和用分光光度法进行总黄酮含量的测定方法。

【实验要求】

从选定的材料中提取黄酮并由标准曲线法计算总黄酮的含量。

【实验提示】

新鲜银杏叶、芹菜、红茶、洋葱、马齿苋、西红柿、荷叶、山楂等富含黄酮。

【注意事项】

对于某些热敏成分的提取，采用超声波破碎法效果较为理想。由于此过程是一个物理过程，浸提过程中无化学反应，被浸提的生物活性物质含量在一定时间内保持不变。

【思考题】

简述黄酮类化合物的生理作用。

实验设计二 碱性过硫酸钾氧化——紫外分光光度法测总氮

【实验目的】

熟练掌握紫外分光光度法在水质含氮量测定中的应用。

【实验要求】

要求设计并计算出选用的样品中的总氮量。

【实验提示】

大量生活污水或含氮工业废水排入的水体中含氮量较高。

【注意事项】

（1）参考吸光度比值 $A_{220\ \mathrm{nm}}/A_{275\ \mathrm{nm}}\times100\%\geqslant20\%$时，应予以鉴别。

（2）玻璃具塞比色管密合性良好。但是使用压力蒸汽消毒时，冷却后放气要缓慢，以免比色管塞蹦出。

（3）玻璃器皿用 10%HCl 浸洗，蒸馏水冲洗，再用氨水冲洗。

（4）测定悬浮物较多的水样，在过硫酸钾氧化后可能出现沉淀，可取氧化后的上清液进行紫外分光测定。

【思考题】

比较凯氏定氮和紫外分光光度法的优缺点。

实验设计三 酶促反应的影响因素

【实验目的】

（1）掌握影响酶活力的因素及作用原理。

（2）加深酶作为生物催化剂特性的理解。

【实验要求】

（1）实验对象为唾液淀粉酶，要掌握新鲜唾液的制备及稀释方法和技巧。

（2）要求检验温度、pH、激活剂和抑制剂等因素对唾液淀粉酶活力的影响。

【思考题】

（1）pH 对酶活性有何影响？什么是酶反应的最适 pH？

（2）酶反应的最适 pH 是否是一个常数？它与哪些因素有关？这种性质对于选择测定酶活性的条件有什么意义？

实验设计四　核酸的提取及性质鉴定

【实验目的】

（1）掌握不同方法从物种中分离核酸的基本原理。

（2）掌握核酸分离的基本操作并对比不同方法之间的优缺点。

（3）掌握琼脂糖凝胶电泳的原理及操作。

（4）掌握核酸纯度和含量检测方法。

【实验要求】

要求采用实验室提供的水平电泳系统，蛋白质、核酸检测系统等从肝脏等组织中提取核酸并进行性质鉴定。

【实验提示】

由于核酸极不稳定，在较剧烈的化学、物理因素和酶的作用下很容易降解，制备核酸时应防止过酸、过碱及其他能引起核酸降解的因素的作用，因此在设计实验方案时应特别注意。核酸是一类带电的大分子，同时核酸及其衍生物都具有吸收紫外光的性质，可以用电泳的方式和紫外吸收法进行纯度鉴定和含量测定。

【注意事项】

（1）将实验用到的有机溶剂废液倒入废液缸，不能倒入水池，防止损坏塑料管道。

（2）本实验中用到的溴化乙锭是致癌物质，避免皮肤接触。

【思考题】

根据核酸在细胞内的分布、存在方式及其特征，提取过程中应采取什么相应措施？

实验设计五　果蔬维生素 C 的定量测定

【实验目的】

（1）学习维生素 C 定量测定法的原理和方法。

（2）熟悉并掌握微量滴定法的基本操作技能。

【实验要求】

从材料中提取维生素 C 并计算维生素 C 的含量（mg/100 g 样品）。

【实验提示】

新鲜蔬菜（辣椒、青菜、西红柿等）、新鲜水果（橘、柑、橙、柚等）的维生素含量特别丰富。

【思考题】

（1）要准确测定维生素 C 含量，实验过程应注意哪些操作步骤？为什么？

（2）某些水果或蔬菜经匀浆后的浆状物泡沫太多，采取什么办法进行处理。

实验设计六　水中常见细菌的快速生化检测

【实验目的】

（1）学习和了解生化微量简易检测技术和鉴定细菌的原理和方法。

（2）掌握 IMViC 原理及在鉴定水中常见细菌的意义。

【实验要求】

采用生化原理快速、简易地从水中检测和鉴定常见细菌。

【实验提示】

传统的病原微生物的检测一般操作复杂，需要从人工培养基上分离细菌，因而耗时较长，一般长达一周甚至更长，这严重制约了病原微生物的有效控制。

IMViC 反应是吲哚试验、甲基红试验、伏-普（二乙酰试验）和柠檬酸试验四个试验的首字母缩写。这四个实验主要是用来快速鉴别大肠杆菌和产气杆菌，多用于水的细菌检查。

吲哚试验：某些细菌含有色氨酸酶，能分解色氨酸形成吲哚（靛基质），吲哚能与对二甲基氨基苯甲醛作用生成玫瑰吲哚而呈红色。

甲基红试验：某些细菌在糖代谢过程中，能分解葡萄糖产生丙酮酸，丙酮酸进一步被分解成为甲酸、乙酸、琥珀酸等，使培养基 pH 下降至 4.5 以下，加入甲基红指示剂可呈红色。如细菌分解葡萄糖产酸量少，或产生的酸进一步转化为其他物质（如醇、醛、酮、气体和水），培养基 pH 在 5.4 以上，加入甲基红指示剂呈橘黄色。甲基红试验常与伏-普试验一起使用，因为前者试验呈阳性的细菌，后者试验通常为阴性。

伏-普（二乙酰）试验：某些细菌能发生如下转换，葡萄糖→丙酮酸（脱羧）→乙酰甲基甲醇→2,3-丁烯二醇，在有碱存在时氧化成二乙酰，之后，再与蛋白胨中的胍基化合物起作用产生粉红色的化合物。伏-普试验的实验目的在于测定细菌产生乙酰甲基甲醇的能力。

柠檬酸试验：当细菌利用铵盐作为唯一氮源，并利用柠檬酸盐作为唯一碳源时，则细菌能利用这些盐作为氮源和碳源而生长，从而能利用柠檬酸钠产生碳酸盐，从而与利用铵盐产生的氨反应，形成 NH_4OH，使培养基呈碱性，使指示剂溴麝香草酚蓝（BTB）由淡绿转为深蓝。

【思考题】

（1）要准确检测鉴定水中常见细菌，实验过程应注意哪些操作步骤？为什么？

（2）实验有时会出现假阳性结果，如何分析及解决？

第六章 双语教学选开实验

所谓双语教学就是用中英文进行课程的教学，不是以语言学习为目标，主要目标是获取知识信息和技能经验。双语教学的重点首先是学科内容，其次是英语。教学目标旨在用两种语言作为教学媒介语，学习一些专业英语词汇，消除借助第二语言进行交流学习的陌生感。

Experiment 1 Kit for assaying blood glucose (for hand and automatic analyzer)

实验一 血糖分析

Introduction

This kit is used to assay the concentration of glucose in human serum.

Glucose is a major sugar in blood, which is the transporting form. The concentrations of glucose will increase in some patients, who suffer from enrocrine disease such as DM(diabetes mellitus),endocrine diseases (hyperthyroidism，hypercorticism. And the concentration will decrease in some long-term malnutrition people or the men who can not eat. Starvation or violent exercise make the concentration decline temporarily.

Principle

$$\text{Glucose} + H_2O + O_2 \xrightarrow{\text{Glucose oxidase}} \text{gluconic acid} + H_2O_2$$

$$H_2O_2 + \text{4-aminoantipyrine} + \text{phenol} \xrightarrow{\text{Peroxidase}} \text{the red compound of quinone} + H_2O$$

The absorption of the red compound of quinone will be measured at the 505 nm with 721 spectrophotomery, and compare it with the absorption of the standard glucose solution and calculate the concentration of the specimen.

Major Reagent

(1) Enzyme reagent (100 mL, concentrated): glucose oxidase 1200 U, peroxidase 1200 U, phosphoric acid buffer (pH 7.0) 80 mL, 4-a minoantipyrine 10 mg.

(2) Phenol reagent (5 mL, concentrated): phenol(1 mg/mL).

(3)Glucose standard solution: 5.55 mmol/L.

(Applicated enzyme reagent 100 mL, phenol reagent 100 mL, component is the same as the concentrated)

Storage and Stability

(1) Type concentration reagent may store at 4~8 ℃ for one year.

(2) Type application reagent may store at 4~8 ℃ for one year.

(3) The dispensed compound of enzyme-quinone may store 4~8 ℃ for one month.

Collection of Specimen

(1) The specimen may be serum or plasm anti-coagulated by heparin or EDTA.

(2) The serum or plasm should be separated from the blood cells in one hour after collection. If adding glycongen glycolysis inhibitor (NaF, KF), the serum or plasm will be store at 15~25 ℃ for 24 hours.

Procedure

The concentrated enzyme reagent should be diluted from 10 mL to 100 mL with distilled water and phenol reagent should be done from 5 mL to 100 mL with distilled water before assaying. Then, mix the two reagents for using.

If it is the applicated reagent, you may mix the enzyme reagent and phenol reagent by 1 ∶ 1 for using.

Steps of Assaying by Hands

Two standard tubes and one Control tube with the same diameter are numbered and the reagents are added into the tubes according to the following table Table 6-1.

Mix the three tubes sufficiently, and put them into water at 37 ℃ for 15 min. After adjusting zero with control tube the absorptions of tubes are measured at 505 nm by with 721 spectrophotometry .

If using automatic biochemistry analyzer, please write program on analyzer's request.

Table 6-1　Experimental replenishment scheme

Reagent	Standard Tube	Specimen Tube	Control Tube
Glucose standard solution (5.55 mmol/L)/μL	10	—	—
Serum/plasm/μL	—	10	—
Distilled water/μL	—	—	10
Compound of enzyme-phenol/mL	1.5	1.5	1.5

Caculation

$$\text{Blood sugar concentration} = \frac{A_{\text{specimen}}}{A_{\text{standard}}} \times 5.55$$

A is absorbance at 505 nm. The unit of blood sugar concentration is mmol/L.

If the concentration of blood sugar > 22 mmol/L, please dilute the serum or plasm firstly and the result of assaying should calculate the times of dilution.

Reference Value

Serum/plasm: 3.9~6.1 mmol/L

Performance Indicator

(1) Accuracy: the mean rate of recover is at 95.0%~105.0% at adding glucose 2.8~16.7 mmol/L.

(2) Precision: coefficient of variation within block < 2%, among blocks < 3%.

(3) Assaying Range: linear relation at 0~22 mmol/L.

Experiment 2　Determination of isoelectric point of protein—precipitation method

实验二　蛋白质等电点测定（沉淀法）

Purposes

(1) To further understand amphoteric electrolysis and isoelectric point (pI) of protein.

(2) To preliminarily learn determinative method of isoelectric point of protein.

Principle

Proteins are amphoteric electrolytes. Free amino- (—NH_2) and free carboxyl- (—COOH) in protein molecules can be electrolyzed. When pH value in the solution is higher than isoelectric point of the protein, the electrolysis of amino- is inhibited while carboxyl- is electrolyzed. At this moment, the protein is the anion with negative charges. On the contrary, when pH value in the solution is lower than isoelectric point of the protein, the electrolysis of carboxyl- is inhibited while amino- is electrolyzed. At this moment, the protein is the cation with positive charges.

$$P\begin{matrix}COOH\\NH_3^+\end{matrix} \underset{+H^+}{\overset{+OH^-}{\rightleftharpoons}} P\begin{matrix}COO^-\\NH_3^+\end{matrix} \underset{+H^+}{\overset{+OH^-}{\rightleftharpoons}} P\begin{matrix}COO^-\\NH_2\end{matrix}$$

Negative charge　　Isoelectric state　　Positive charge

When the solution is at the certain pH value (change with kinds of proteins), the number of positive charges is equal to that of negative charges in the protein molecules and the protein is either acidic or neutral. At this moment , pH value in the solution is isoelectric point of the protein. The viscosity and the solubility of the protein are decreased at the isoelectric point.

In this experiment, casein is in the solutions with different pH values. According to the principle that solubility of protein is the smallest at isoelectric point, the amount of precipitates is observed and the isoelectric point is determined.

Of note, isoelectric points of proteins can only be determined roughly by precipitation method.

Reagents

1. 1 mol/L acetic acid

Distilled water is added to 60 mL glacial acetic acid (about 17 mol/L) till 1000 mL and mixed up. This solution is adjusted by standard alkali solution to 1 mol/L. Phenolphthalein is an indicator.

2. 0.1 mol/L acetic acid

1.0 mol/L acetic acid is diluted to 0.1 mol/L.

3. 0.01 mol/L acetic acid.

4. Casein acetate sodium solution

Pure casein 0.25 g is placed into the beaker. Distilled water 20 mL and 0.1 mol/L NaOH 5 mL are added into it. After casein is dissolved completely, 1 mol/L acetic acid 5 mL is added into the beaker again. Then the solution is diluted to 50 mL by distilled water.

Procedures

(1) Five experiment tubes with the same diameter are numbered and the reagents are added into the tubes according to the following table Table 6-2.

Table 6-2　Experimental replenishment scheme (volume: mL)

Reagent	1	2	3	4	5
Distilled water	2.4	—	3.0	1.5	3.5
Acetic acid/1.00 mol/L	1.6	—	—	—	—
Acetic acid/0.10 mol/L	—	4.0	1.0	—	—
Acetic acid/0.01 mol/L	—	—	—	2.5	0.5
Casein	Add casein 1.0 mL into each tube while shaking and observing the turbidity				
Final pH value	3.5	4.1	4.7	5.3	5.9

(2) 30 min later at room temperature, the amount of precipitates is observed, which is represented by +, ++, +++, or ++++ , respectively. The pH value in the tube whose precipitates are the most is the isoelectric point of casein (pI of casein is pH 4.1~4.5).

Experiment 3　Experiments of enzyme kinetics

实验三　酶动力学实验

Ⅰ. Effects of substrates concentration of enzyme activity: determination of K_m of alkaline phosphatase

Ⅰ. 底物浓度对酶活性的影响：碱性磷酸酶 K_m 的测定

Principle

Under the condition of constant temperature, pH and enzyme concentration, changes in substrate concentration [S] will change the velocity of the enzyme reaction (v) to certain degrees. When the substrate concentrations are rather low, the velocity increases with the increase of substrate concentration. When the substrate concentrations become greater, the increase of velocity slackens. When the substrate concentrations are rather high, the velocity does not increase, and stay at the maximum velocity (v_m). Their relationships may be expressed by the Michalis-Menten equation as follows:

$$v = v_m [S]/K_m + [S] \quad ①$$

K_m is the Michalis constant.　When $v=v_m/2$, we get K_m=[S]. From this, we can define K_m as a constant which is numerically equal to the concentration of the substrate at half of the maximum velocity of an enzymic reaction.

K_m is a characteristic constant of an enzyme. Different enzymes have different K_m values. Different substrates of a single enzyme will also have different K_m values. The K_m of most pure enzymes lies in the range of 0.01~100 mmol/L. In the field of enzymological research, K_m determination has important practical significances.

The Figure 6-1 shows the meaning of K_m, but it is difficult to get the precise value of K_m from such a plot. The Michalis-Menten equation might be rearranged to give curve forms. From a curve plot, it is easier to get the precise value of K_m.

One straight line form of Michalis-Menten equation is:

$$1/v = K_m/v_m \times 1/[S] + 1/v_m \quad ②$$

Which is also called Lineweaver-Burk's equation. If we take $1/v$ as the ordinate and $1/[S]$ as the abscissa, we can get a straight line plot (Figure 6-2). This is called the Lineweaver-Burk plot or the double reciprocal plot.

From Figure 6-2, or from equation ②, we know that in a Lineweaver-Burk plot, the straight line has a slope of K_m/v_m, an ordinate intercept of $1/v_m$, abscissa intercept of $-1/K_m$.

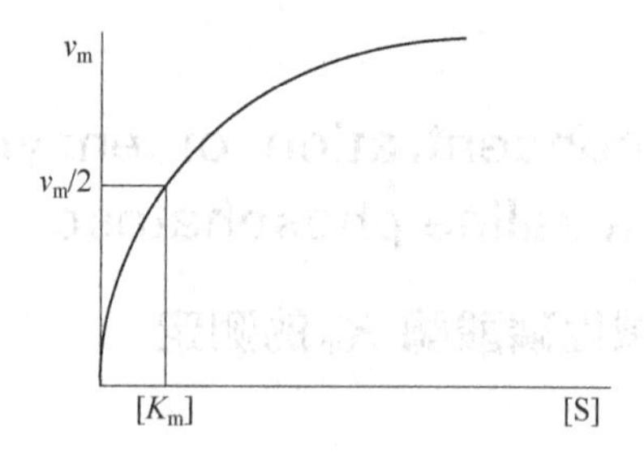

Figure 6-1 The relationship between substrate concentration and velocity of enzymic reactions

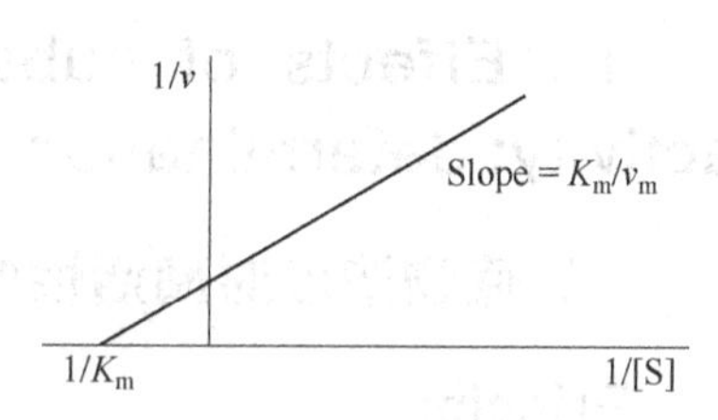

Figure 6-2 Lineweaver-Burk's plot

In this experiment, disodium phenyl phosphate is used as the substrate. In 37 ℃ and a pH 8.8 medium, AKP catalyzes the hydrolysis of disodium phenylphosphate with the liberation of phenol. The latter will react with 4-aminoantipyrene (AAP) in the presence of $K_3[Fe(CN)_6]$ in alkaline medium as an oxidizing agent, and form a quinone compound with red color.

$$C_6H_5-O-P(=O)(ONa)-ONa \xrightarrow[H_2O]{AKP} C_6H_5OH \xrightarrow[K_3[Fe(CN)_6]]{AAP} \text{(quinone compound)}$$

This red compound may be used as the basis of photometric determination. The pure phenol can be treated in the same way as a standard. Thus, the quantity of phenol produced by AKP can be determined. A series of increasing substrate concentration is employed to determine the corresponding reaction velocities. By using either plot stated above, K_m value could be obtained.

Reagents

(1) 0.04 mol/L substrate solution: weight out 10.16 g disodium phenyl phosphate· $2H_2O$, add boiled cold distilled water to add boiled cold distilled water to 1000 mL. Add 4 mL chloroform as preservative, keep in a brown bottle and store at 4 ℃. Use within seven days after preparation.

(2) 0.1mol/L carbonate buffer (pH 10) containing 0.3% 4-aminoantipyrine: weigh out 3 g 4-aminoantipyrine (AAP), dissolve and dilute to 1000 mL with 0.1mol/L carbonate buffer. Keep in a brown bottle and store at 4 ℃.

(3) Enzyme solution: dilute the enzyme preparation with Tris buffer to a concentration of 0.7~1 unit/mL.

(4) Standard phenol solution (1mg/mL).

(5) 0.5% potassium ferricyanate: weigh out 5 g potassium ferricyanate and 15 g boric acid, dissolve separately in about 400 mL of distilled water. Mix the two solutions and add water to 1000 mL, and store in brown bottle in the dark.

Procedures

Lable 8 clean test tubes, and proceed as follows according to the following table Table 6-3. Pay special attention to adding the reagents accurately.

Table 6-3 Experimental replenishment scheme

Reagent	1	2	3	4	5	6	S	B
Substrate/mL	0.10	0.20	0.30	0.40	0.80	1.00	—	—
Water/mL	1.40	1.30	1.20	1.10	0.70	0.50	1.50	1.50
Buffer with APP/mL	1.50	1.50	1.50	1.50	1.50	1.50	1.50	1.50
Mix, and incubate at 37 ℃ for 5 min								
Standard phenol/mL	—	—	—	—	—	—	0.10	—
Enzyme solution/mL	0.10	0.10	0.10	0.10	0.10	0.10	—	0.10
Mix, and incubate at 37 ℃ for 15 min								
0.5%$K_3Fe(CN)_6$/mL	2.00	2.00	2.00	2.00	2.00	2.00	2.00	2.00

Mix, allow to stand at room temperature for 10 minutes. Take the absorbance (A) of tube 1~6 and tube S at 510 nm using tube B as the blank .

Calculation

According to Table 6-4, calculate all the parameters of each tube that are needed for a Lineweaver-Burk's plot.

Table 6-4 Measurement result recording and calculation

Item	1	2	3	4	5	6
Absorbance						
Velocity						
$1/v$						
[S]						
1/[S]						

(1) Calculate the units of enzyme activity of each tube according to the following equation:

$$\text{Units of enzyme activity} = A_u/A_s \times 0.01$$

In the equation, A_u is the absorbance of the sample solution to be measured; A_s is the absorbance of standard solution; 0.01 is conversion factor.

(2) The substrate concentration of each tube is:

[S] = concentration of substrate solution×substrate solution added/total volume of enzyme reaction mixture

(3) Plot. Find out the intercept on the abscissa.

(4) Calculate the K_m value.

Ⅱ. Effects of inhibitors on the velocities of enzymatic reactions: effect of phosphate on alkaline phosphatase

Ⅱ. 抑制剂对酶促反应速度的影响：磷酸盐对碱性磷酸酶的影响

Principle

Any substance which can decrease or even abolish the enzyme activity is called enzyme inhibitor. There are two kinds of enzyme inhibitors: reversible and irreversible inhibitors. The former can be further classified into three types: competitive, noncompetitive, and uncompetitive.

In the presence of competitive inhibitors, the apparent K_m will be greater than that without them, while the v_m will be the same as that without them.

In the presence of noncompetitive inhibitors, the apparent K_m will be the same, while the v_m will be smaller than that without them.

In the presence of uncompetitive inhibitors, the apparent K_m and v_m will be smaller than that without them. Refer to the textbook for detailed discussion.

In this experiment, phosphate is used as an inhibitor of AKP, disodium phenylphosphate as the substrate. The velocities are determined at different substrate concentrations. Double reciprocal plots are made to determine the apparent K_m, and the type of inhibition is deduced from the plot.

Reagent

(1) 0.04 mol/L Na_2HPO_4: weigh out 143 g $Na_2HPO_4 \cdot 12H_2O$, dissolve and dilute to 100 mL with 0.1 mol/L carbonate buffer (pH 10).

(2) For other reagent, see part I of this experiment.

Procedure

Label 8 test tube and proceed as the following table Table 6-5.

Table 6-5　Experimental replenishment scheme

Reagent	1	2	3	4	5	6	S	B
Substrate/mL	0.10	0.20	0.30	0.40	0.80	1.00	—	—
Water/mL	1.30	1.20	1.10	1.00	0.60	0.40	1.50	1.40
0.04mol/L Na_2HPO_4/mL	0.10	0.10	0.10	0.10	0.10	0.10	—	0.10
Buffer with APP/mL	1.50	1.50	1.50	1.50	1.50	1.50	1.50	1.50
Mix, and incubate at 37 ℃ for 5 min								
Standard phenol/mL	—	—	—	—	—	—	0.10	—
Enzyme solution/mL	0.10	0.10	0.10	0.10	0.10	0.10	—	0.10
Mix, and incubate at 37 ℃ for 15 min								
0.5%$K_3Fe(CN)_6$/mL	2.00	2.00	2.00	2.00	2.00	2.00	2.00	2.00

Mix thoroughly, and stand at room temperature for 10 minutes. Read absorbance at 510 nm, using tube B as reagent blank to set the spectrophotometer.

Calculate and plot the results as described in part I of this experiment. From the plot, find out what type of inhibition the phosphate is.

Ⅲ. Effects of pH value on the velocities of enzymatic reactions

Ⅲ. pH 值对碱性磷酸酶活性的影响

Principle

The activity of most enzyme was affected by the pH value in the environment. At a certain pH value, the enzyme reaction was at the maximum speed, while the pH value is higher or lower than this value, and the reaction speed decreases. Generally, this pH value is called the optimal pH value of enzyme reaction. Different enzymes have different optimal pH values.

Reagent

(1) 0.01 mol/L disodium phenylphosphate solution.

(2) Alkaline phosphatase solution(pH=10).

(3) Buffer with different pH.

(4) Phenol reagent and 10% Na_2CO_3 solution.

Procedure

Six clean test tubes was numbered and operated according to the Table 6-6.

Table 6-6 Experimental replenishment scheme

Reagent	0	1	2	3	4	5
0.01 mol/L disodium phenylphosphate/mL	0.3	0.3	0.3	0.3	0.3	0.3
Buffer solution	Distilled water 1.2 mL	pH 9	pH 10	pH 11	pH 12	pH>12
	Mix well and place in 37 ℃ water bath for 5 min. Note: alkaline phosphatase solution should be put in a water bath to preheat to 37 ℃, and then drop into a test tube to participate in the reaction					
Alkaline phosphatase Solution/mL	—	0.2	0.2	0.2	0.2	0.2
	Mix well and place in 37 ℃ water bath for 15 min					
Phenol reagent/mL	1.0	1.0	1.0	1.0	1.0	1.0
10% Na_2CO_3/mL	2.0	2.0	2.0	2.0	2.0	2.0

Adjust zero with tube 0, and compare the color at 660 nm.

Calculation

Fill the optical density for substrate concentration of each tube in the following Table 6-7.

Table 6-7 Experimental replenishment scheme

OD	1	2	3	4	5
OD1					
OD2					
OD3					
OD(mean value)					

OD is taken as the ordinate and pH is taken as the abscissa.

Ⅳ. Effects of temperature on the velocities of enzymatic reactions

Ⅳ. 温度对碱性磷酸酶活性的影响

Principle

Each enzyme has its optimum temperature, and the activity of enzyme is decreased when above or below this temperature. Generally speakin. If the enzyme is in a high temperature environment, the enzyme activity will permanently reduce. If it is in a very low temperature environment, the activity of the enzyme will only be inhibited. Once the temperature is appropriate, the activity of the enzyme will be restored in whole or in part.

Reagent

(1) 0.01 mol/L disodium phenylphosphate solution.

(2) Alkaline phosphatase solution(pH=10).

(3) Buffer with different pH.

(4) Phenol reagent and 10% Na_2CO_3 solution.

Procedure

Six clean test tubes was numbered and operated according to the Table 6-8.

Table 6-8 Experimental replenishment scheme

Reagent	0	1	2	3	4	5
0.01 mol/L disodium phenylphosphate/mL	0.3	0.3	0.3	0.3	0.3	0.3
buffer solution/mL	1.2	1.0	1.0	1.0	1.0	1.0
	Mix well and place in room temperature, 37 ℃, 50 ℃, 60 ℃, 70 ℃ and 80 ℃ water bath for 5 min separately. Note: alkaline phosphatase solution should be put in different water bathes firstly, and then drop into a test tube to participate in the reaction.					
Alkaline phosphatase solution/mL	…	0.2	0.2	0.2	0.2	0.2
	Mix well and place in water bath for 15 min					
Phenol reagent/mL	1.0	1.0	1.0	1.0	1.0	1.0
10% Na_2CO_3/mL	2.0	2.0	2.0	2.0	2.0	2.0

Adjust zero with tube 0, and compare the color at 660 nm.

Calculation

Fill the optical density and substrate concentration of each tube in the following Table 6-9.

Table 6-9 Measurement result recording and calculation

OD	1	2	3	4	5
OD1					
OD2					
OD3					
OD (mean value)					

OD is taken as the ordinate and temperature is taken as the abscissa.

附　录

附录一　生物化学常用缓冲液的配制方法

1. 甘氨酸-盐酸缓冲液（0.05 mol/L）

X mL 0.2 mol/L 甘氨酸+*Y* mL 0.2 mol/L HCl，再加水稀释至 200 mL。

pH	*X*	*Y*	pH	*X*	*Y*
2.0	50	44.0	3.0	50	11.4
2.4	50	32.4	3.2	50	8.2
2.6	50	24.2	3.4	50	6.4
2.8	50	16.8	3.6	50	5.0

甘氨酸分子量 = 75.07，0.2 mol/L 甘氨酸溶液的质量浓度为 15.01 g/L。

2. 邻苯二甲酸氢钾-盐酸缓冲液（0.05 mol/L）

X mL 0.2 mol/L 邻苯二甲酸氢钾 + *Y* mL 0.2 mol/L HCl，再加水稀释到 20 mL。

pH (20 ℃)	*X*	*Y*	pH (20 ℃)	*X*	*Y*
2.2	5	4.070	3.2	5	1.470
2.4	5	3.960	3.4	5	0.990
2.6	5	3.295	3.6	5	0.597
2.8	5	2.642	3.8	5	0.263
3.0	5	2.022			

邻苯二甲酸氢钾分子量 = 204.23，0.2 mol/L 邻苯二甲酸氢钾溶液的质量浓度为 40.85 g/L。

3. 磷酸氢二钠-柠檬酸缓冲液（0.2 mol/L）

pH	0.2 mol/L Na_2HPO_4/mL	0.1 mol/L 柠檬酸/mL	pH	0.2 mol/L Na_2HPO_4/mL	0.1 mol/L 柠檬酸/mL
2.2	0.40	19.60	5.2	10.72	9.28
2.4	1.24	18.76	5.4	11.15	8.85
2.6	2.18	17.82	5.6	11.60	8.40
2.8	3.17	16.83	5.8	12.09	7.91
3.0	4.11	15.89	6.0	12.63	7.37
3.2	4.94	15.06	6.2	13.22	6.78
3.4	5.70	14.30	6.4	13.85	6.15
3.6	6.44	13.56	6.6	14.55	5.45
3.8	7.10	12.90	6.8	15.45	4.55
4.0	7.71	12.29	7.0	16.47	3.53
4.2	8.28	11.72	7.2	17.39	2.61
4.4	8.82	11.18	7.4	18.17	1.83
4.6	9.35	10.65	7.6	18.73	1.27
4.8	9.86	10.14	7.8	19.15	0.85
5.0	10.30	9.70	8.0	19.45	0.55

Na_2HPO_4 分子量 = 141.96，0.2 mol/L Na_2HPO_4 溶液的质量浓度为 28.40 g/L。

$Na_2HPO_4 \cdot 2H_2O$ 分子量 = 178.05，0.2 mol/L $Na_2HPO_4 \cdot 2H_2O$ 溶液的质量浓度为 35.61 g/L。

柠檬酸 $C_6H_8O_7 \cdot H_2O$ 分子量 = 210.14，0.1 mol/L 柠檬酸溶液的质量浓度为 21.01 g/L。

4. 柠檬酸-氢氧化钠-盐酸缓冲液

pH	钠离子浓度/(mol/L)	柠檬酸/g	氢氧化钠/g	浓盐酸/mL	最终体积/L①
2.2	0.20	210	84	160	10
3.1	0.20	210	83	116	10
3.3	0.20	210	83	106	10
4.3	0.20	210	83	45	10
5.3	0.35	245	144	68	10
5.8	0.45	285	186	105	10
6.5	0.38	266	156	126	10

① 使用时可以每升中加入 1 g 酚，若最后 pH 值有变化，再用少量 50% 氢氧化钠溶液或浓盐酸调节，冰箱保存。

5. 柠檬酸-柠檬酸钠缓冲液（0.1 mol/L）

pH	0.1 mol/L 柠檬酸/mL	0.1 mol/L 柠檬酸钠/mL	pH	0.1 mol/L 柠檬酸/mL	0.1 mol/L 柠檬酸钠/mL
3.0	18.6	1.4	5.0	8.2	11.8
3.2	17.2	2.8	5.2	7.3	12.7
3.4	16.0	4.0	5.4	6.4	13.6
3.6	14.9	5.1	5.6	5.5	14.5
3.8	14.0	6.0	5.8	4.7	15.3
4.0	13.1	6.9	6.0	3.8	16.2
4.2	12.3	7.7	6.2	2.8	17.2
4.4	11.4	8.6	6.4	2.0	18.0
4.6	10.3	9.7	6.6	1.4	18.6
4.8	9.2	10.8			

柠檬酸 $C_6H_8O_7 \cdot H_2O$ 分子量 = 210.14，0.1 mol/L 柠檬酸溶液的质量浓度为 21.01 g/L。

柠檬酸钠 $Na_3C_6H_5O_7 \cdot 2H_2O$ 分子量 = 294.12，0.1 mol/L 柠檬酸钠溶液的质量浓度为 29.41 g/mL。

6. 乙酸-乙酸钠缓冲液（0.2 mol/L）

pH（18 ℃）	0.2 mol/L NaAc/mL	0.3 mol/L HAc/mL	pH（18 ℃）	0.2 mol/L NaAc/mL	0.3 mol/L HAc/mL
2.6	0.75	9.25	4.8	5.90	4.10
3.8	1.20	8.80	5.0	7.00	3.00
4.0	1.80	8.20	5.2	7.90	2.10
4.2	2.65	7.35	5.4	8.60	1.40
4.4	3.70	6.30	5.6	9.10	0.90
4.6	4.90	5.10	5.8	9.40	0.60

$NaAc \cdot 3H_2O$ 分子量 = 136.09，0.2 mol/L $NaAc \cdot 3H_2O$ 溶液的质量浓度为 27.22 g/L。

7. 磷酸盐缓冲液

（1）磷酸氢二钠-磷酸二氢钠缓冲液（0.2 mol/L）

pH	0.2 mol/L Na_2HPO_4/mL	0.3 mol/L NaH_2PO_4/mL	pH	0.2 mol/L Na_2HPO_4/mL	0.3 mol/L NaH_2PO_4/mL
5.8	8.0	92.0	6.3	22.5	77.5
5.9	10.0	90.0	6.4	26.5	73.5
6.0	12.3	87.7	6.5	31.5	68.5
6.1	15.0	85.0	6.6	37.5	62.5
6.2	18.5	81.5	6.7	43.5	56.5

续表

pH	0.2 mol/L Na_2HPO_4/mL	0.3 mol/L NaH_2PO_4/mL	pH	0.2 mol/L Na_2HPO_4/mL	0.3 mol/L NaH_2PO_4/mL
6.8	49.5	51.0	7.5	84.0	16.0
6.9	55.0	45.0	7.6	87.0	13.0
7.0	61.0	39.0	7.7	89.5	10.5
7.1	67.0	33.0	7.8	91.5	8.5
7.2	72.0	28.0	7.9	93.0	7.0
7.3	77.0	23.0	8.0	94.7	5.3
7.4	81.0	19.0			

$Na_2HPO_4 \cdot 2H_2O$ 分子量 = 178.05，0.2 mol/L $Na_2HPO_4 \cdot 2H_2O$ 溶液的质量浓度为 35.61 g/L。

$NaH_2PO_4 \cdot 2H_2O$ 分子量 = 156.03，0.2 mol/L $NaH_2PO_4 \cdot 2H_2O$ 溶液的质量浓度为 31.21 g/L。

（2）磷酸氢二钠-磷酸二氢钾缓冲液（1/15 mol/L）

pH	1/15 mol/L Na_2HPO_4/mL	1/15 mol/L KH_2PO_4/mL	pH	1/15 mol/L Na_2HPO_4/mL	1/15 mol/L KH_2PO_4/mL
4.92	0.10	9.90	6.98	6.00	4.00
5.29	0.50	9.50	7.17	7.00	3.00
5.91	1.00	9.00	7.38	8.00	2.00
6.24	2.00	8.00	7.73	9.00	1.00
6.47	3.00	7.00	8.04	9.50	0.50
6.64	4.00	6.00	8.34	9.75	0.25
6.81	5.00	5.00	8.67	9.90	0.10

$Na_2HPO_4 \cdot 2H_2O$ 分子量 = 178.05，1/15 mol/L $Na_2HPO_4 \cdot 2H_2O$ 溶液的质量浓度为 11.876 g/L。

KH_2PO_4 分子量 = 136.09，1/15 mol/L KH_2PO_4 溶液的质量浓度为 9.078 g/L。

8. 磷酸二氢钾-氢氧化钠缓冲液（0.05 mol/L）

X mL 0.2 mol/L KH_2PO_4 + Y mL 0.2 mol/L NaOH 加水稀释至 29 mL。

pH（20 ℃）	X/mL	Y/mL	pH（20 ℃）	X/mL	Y/mL
5.8	5	0.372	7.0	5	2.963
6.0	5	0.570	7.2	5	3.500
6.2	5	0.860	7.4	5	3.950
6.4	5	1.260	7.6	5	4.280
6.6	5	1.780	7.8	5	4.520
6.8	5	2.365	8.0	5	4.680

9. 巴比妥钠-盐酸缓冲液（18 ℃）

pH	0.04 mol/L 巴比妥钠溶液/mL	0.2 mol/L 盐酸/mL	pH	0.04 mol/L 巴比妥钠溶液/mL	0.2 mol/L 盐酸/mL
6.8	100	18.4	8.4	100	5.21
7.0	100	17.8	8.6	100	3.82
7.2	100	16.7	8.8	100	2.52
7.4	100	15.3	9.0	100	1.65
7.6	100	13.4	9.2	100	1.13
7.8	100	11.47	9.4	100	0.70
8.0	100	9.39	9.6	100	0.35
8.2	100	7.21			

巴比妥钠分子量 = 206.18，0.04 mol/L 巴比妥钠溶液的质量浓度为 8.25 g/L。

10. Tris-盐酸缓冲液（0.05 mol/L，25 ℃）

50 mL 0.1 mol/L 三羟甲基氨基甲烷（Tris）溶液与 X mL 0.1 mol/L 盐酸混匀后，加水稀释至 100mL。

pH	X/mL	pH	X/mL
7.10	45.7	8.10	26.2
7.20	44.7	8.20	22.9
7.30	43.4	8.30	19.9
7.40	42.0	8.40	17.2
7.50	40.3	8.50	14.7
7.60	38.5	8.60	12.4
7.70	36.6	8.70	10.3
7.80	34.5	8.80	8.5
7.90	32.0	8.90	7.0
8.00	29.2		

三羟甲基氨基甲烷（Tris）分子量 = 121.14，0.1 mol/L Tris 溶液的质量浓度为 12.114 g/L。Tris 溶液可从空气中吸收二氧化碳，使用时注意将瓶盖严。

11. 硼酸-硼砂缓冲液（0.2 mol/L 硼酸根离子溶液）

pH	0.05 mol/L 硼砂/mL	0.2 mol/L 硼砂/mL	pH	0.05 mol/L 硼砂/mL	0.2 mol/L 硼砂/mL
7.4	1.0	9.0	8.2	3.5	6.5
7.6	1.5	8.5	8.4	4.5	5.5
7.8	2.0	8.0	8.7	6.0	4.0
8.0	3.0	7.0	9.0	8.0	2.0

硼砂 $Na_2B_4O_7 \cdot H_2O$ 分子量 = 381.43，0.05 mol/L 硼砂溶液（=0.2 mol/L 硼酸根离子溶液）的质量浓度为 19.07 g/L。

硼酸 H_2BO_3 分子量 = 61.84，0.2 mol/L 硼酸溶液的质量浓度为 12.37 g/L。

硼砂易失去结晶水，必须在带塞的瓶中保存。

12. 甘氨酸-氢氧化钠缓冲液（0.05 mol/L）

X mL 0.2 mol/L 甘氨酸 + Y mL 0.2 mol/L NaOH 加水稀释至 200 mL。

pH	X	Y	pH	X	Y
8.6	50	4.0	9.6	50	22.4
8.8	50	6.0	9.8	50	27.2
9.0	50	8.8	10.0	50	32.0
9.2	50	12.0	10.4	50	38.6
9.4	50	16.8	10.6	50	45.5

甘氨酸分子量 = 75.07，0.2 mol/L 甘氨酸溶液的质量浓度为 15.01 g/L。

13. 硼砂-氢氧化钠缓冲液（0.05 mol/L 硼酸根离子溶液）

X mL 0.05 mol/L 硼砂 + Y mL 0.2 mol/L NaOH 加水稀释至 200 mL。

pH	X	Y	pH	X	Y
9.3	50	6.0	9.8	50	34.0
9.4	50	11.0	10.0	50	43.0
9.6	50	23.0	10.1	50	46.0

硼砂 $Na_2B_4O_7 \cdot 10H_2O$ 分子量 = 381.43，0.05 mol/L 硼砂溶液的质量浓度为 19.07 g/L。

14. 碳酸钠-碳酸氢钠缓冲液（0.1 mol/L）

Ca^{2+}、Mg^{2+}存在时不得使用。

pH		0.1 mol/L Na_2CO_3/mL	0.1 mol/L Na_2HCO_3/mL
20 ℃	37 ℃		
9.16	8.77	1	9
9.40	9.12	2	8
9.51	9.40	3	7
9.78	9.50	4	6
9.90	9.72	5	5
10.14	9.90	6	4
10.28	10.08	7	3
10.53	10.28	8	2
10.83	10.57	9	1

$Na_2CO_3 \cdot 10H_2O$ 分子量=286.2，0.1 mol/L $Na_2CO_3 \cdot 10H_2O$ 溶液的质量浓度为28.62 g/L。

$NaHCO_3$ 分子量=84.0，0.1 mol/L $NaHCO_3$ 溶液的质量浓度为 8.40 g/L。

15. “PBS”缓冲液

pH	7.6	7.4	7.2	7.0
H_2O/mL	1000	1000	1000	1000
NaCl/g	8.5	8.5	8.5	8.5
Na_2HPO_4/g	2.2	2.2	2.2	2.2
NaH_2PO_4/g	0.1	0.2	0.3	0.4

附录二 分子生物学常用试剂、缓冲液的配制方法

1. 1.0 mol/L Tris-HCl

■ 组分浓度：1 mol/L

■ 酸碱度 pH：7.4，7.6，8.0

■ 配制量：1 L

■ 配制方法：

（1）称量 121.1 g Tris 置于 1 L 烧杯中。

（2）加入约 800 mL 去离子水，充分搅拌溶解。

（3）加入浓盐酸调节所需要的 pH。

pH	浓 HCl 用量/mL
7.4	约 70
7.6	约 60
8.0	约 42

（4）将溶液定容至 1 L。

（5）高温高压灭菌后，室温保存。

■ **注意**：应使溶液冷至室温后再调定 pH，因为 Tris 溶液的 pH 随温度的变化很大，温度每升高 1 ℃，溶液的 pH 大约降低 0.03 个单位。

2. 1.5 mol/L Tris-HCl（pH 8.8）

■ 组分浓度：1.5 mol/L

■ 酸碱度 pH：8.8

■ 配制量：1 L

■ 配制方法：

（1）称量 181.7 g Tris 置于 1 L 烧杯中。

（2）加入约 800 mL 去离子水，充分搅拌溶解。

（3）用浓盐酸调节 pH 至 8.8。

（4）将溶液定容至 1 L。

（5）高温高压灭菌后，室温保存。

■ **注意**：应使溶液冷至室温后再调定 pH，因为 Tris 溶液的 pH 随温度的变化很大，温度每升高 1 ℃，溶液的 pH 大约降低 0.03 个单位。

3. 10×TE Buffer

■ 组分浓度：100 mmol/L Tris-HCl，10 mmol/L EDTA

■ 酸碱度 pH：7.4，7.6，8.0

■ 配制量：1 L

■ 配制方法：

（1）量取下列溶液，置于 1 L 烧杯中。

试剂	所需用量/mL
1 mol/L Tris-HCl Buffer（pH 7.4，7.6，8.0）	100
0.5 mol/L EDTA (pH 8.0)	20

（2）向烧杯中加入约 800 mL 去离子水，均匀混合。

（3）将溶液定容至 1 L 后，高温高压灭菌。

（4）室温保存。

4. 3 mol/L 乙酸钠

■ 组分浓度：3 mol/L

■ 酸碱度 pH：5.2

■ 配制量：100 mL

■ 配制方法：

（1）称量 40.8 g NaAc·3H_2O 置于 100～200 mL 烧杯中，加入约 40 mL 去离子水搅拌溶解。

（2）加入冰乙酸调节 pH 至 5.2。

（3）加去离子水将溶液定容至 100 mL。

（4）高温高压灭菌后，室温保存。

5. Tris-HCl 饱和苯酚

■ 配制方法：

（1）使用原料　大多数市售液化苯酚是清亮无色的，无需重蒸馏便可用于分子生物学实验。但有些液化苯酚呈粉红色或黄色，应避免使用，同时也应避免使用结晶苯酚，结晶苯酚必须在 160 ℃对其进行重蒸馏除去诸如醌等氧化产物，这些氧化产物可引起磷酸二酯键的断裂或导致 RNA 和 DNA 的交联等。因此，苯酚的质量对 DNA、RNA 的提取极为重要，推荐使用高质量的苯酚进行分子生物学实验。

（2）操作注意　苯酚腐蚀性极强，并可引起严重灼伤，操作时应戴手套及防护镜等。所有操作均应在通风橱中进行，与苯酚接触过的皮肤部位应用大量水清洗，并用肥皂和水洗涤，忌用乙醇。

（3）苯酚饱和　因为在酸性 pH 条件下 DNA 分配于有机相，因此使用苯酚前必须对苯酚进行平衡使其 pH 值达到 7.8 以上，苯酚平衡操作方法如下。

① 液化苯酚应贮存于−20 ℃，此时的苯酚呈结晶状态。从冰柜中取出的苯酚首先在室温下放置使其达到室温，然后在 68 ℃水浴中使苯酚充分溶解。

② 加入羟基喹啉（8-Quinolinol）至终浓度 0.1%。该化合物是一种还原剂、RNA 酶的不完全抑制剂及金属离子的弱螯合剂，因其呈黄色，有助于识别有机相。

③ 加入等体积的 1 mol/L Tris-HCl（pH 8.0），使用磁力搅拌器搅拌 15 min，静置使其充分分层后，除去上层水相。

④ 重复操作步骤③。

⑤ 取有机相，稍微残留部分上层水相。

⑥ 使用 pH 试纸确认有机相的 pH 大于 7.8。

⑦ 将苯酚置于棕色玻璃瓶中 4 ℃避光保存。

6. 苯酚：氯仿：异戊醇（25：24：1）

■ 配制方法：

（1）说明　从核酸样品中除去蛋白质时常常使用苯酚：氯仿：异戊醇（25：24：1）。氯仿可使蛋白质变性并有助于水相与有机相的分离，而异戊醇则有助于消除抽提过程中出现的气泡。

（2）配制方法　将 Tris-HCl 饱和苯酚与等体积的氯仿：异戊醇（24：1）混合均匀后，移入棕色玻璃瓶中 4 ℃保存。

7. 10%（质量浓度）SDS

■ 组分浓度：10%（质量浓度）

■ 配制量：100 mL

■ 配制方法：

（1）称量 10 g 高纯度的 SDS 置于 100～200 mL 烧杯中，加入约 80 mL 去离子水于 68 ℃加热溶解。

（2）滴加浓盐酸调节 pH 至 7.2。

（3）将溶液定容至 100 mL 后，室温保存。

8. 50×TAE Buffer（pH 8.5）

■ 组分浓度：2 mol/L Tirs-乙酸，0.1 mol/L EDTA

■ 配制量：1 L

■ 配制方法：

（1）称量下列试剂，置于 1 L 烧杯中。

试剂	所需用量/g
Tris	242
$Na_2EDTA \cdot 2H_2O$	37.2

（2）向烧杯中加入约 800 mL 去离子水，充分搅拌溶解。

（3）加入 57.1 mL 乙酸，充分搅拌。

（4）加去离子水将溶液定容至 1 L 后，室温保存。

9. 10×TBE Buffer（pH 8.3）

■ 组分浓度：0.9 mol/L 硼酸，0.02 mol/L EDTA

■ 配制量：1 L

■ 配制方法：

（1）称量下列试剂，置于 1 L 烧杯中。

试剂	所需用量/g
Tris	108
$Na_2EDTA \cdot 2H_2O$	7.44
硼酸	55.65

（2）向烧杯中加入约 800 mL 去离子水，充分搅拌溶解。

（3）加去离子水将溶液定容至 1 L 后，室温保存。

10. 溴乙锭（10 mg/mL）

■ 组分浓度：10 mg/mL

■ 配制量：100 mL

■ 配制方法：

（1）称量 1 g 溴乙锭，加入 100 mL 容器中。

（2）加入去离子水 100 mL，充分搅拌数小时完全溶解溴乙锭。

（3）将溶液转移至棕色瓶中，室温避光保存。

（4）溴乙锭的工作浓度为 0.5 μg/mL。

■ 注意：溴乙锭是一种致癌物质，必须小心操作。

11. Agarose 凝胶

■ 配制方法：

（1）配制适量的电泳及制胶用的缓冲液（通常是 0.5×TBE 或 1×TAE）。

（2）根据制胶量及凝胶浓度，准确称量琼脂糖粉，加入适当的锥形瓶中。

（3）加入一定量的电泳缓冲液（总液体量不宜超过锥形瓶容量的 50%）。注：用于电泳的缓冲液和用于制胶的缓冲液必须统一。

（4）在锥形瓶的瓶口封上保鲜膜，并在膜上扎些小孔，然后在微波炉中加热熔化琼脂糖。加热过程中，当溶液沸腾后，请戴上防热手套，小心摇动锥形瓶，使琼脂糖充分熔化。此操作重复数次，直至琼脂糖完全熔化。必须注意，在微波炉中加热时间不宜过长，每次当溶液起泡沸腾时停止加热，否则会引起溶液过热暴沸，造成琼脂糖凝胶浓度不准，也会损坏微波炉。熔化琼脂糖时，必须保证琼脂糖充分完全熔化，否则，会造成电泳图像模糊不清。

（5）使溶液冷却至 60 ℃左右，如需要溴乙锭作为荧光染料，可根据凝胶用量使加入的溴乙锭溶液终浓度为 0.5 μg/mL，并充分混匀。注：溴乙锭是一种致癌物质，使用含有溴乙锭的溶液时，请戴好手套。

（6）将琼脂糖溶液倒入制胶模中，然后在适当位置处插上梳子。凝胶厚度一般在 3～5 mm 之间。

（7）在室温下使胶凝固（大约 30 min～1 h），然后放置于电泳槽中进行电泳。

■ 注意：凝胶不立即使用时，请用保鲜膜将凝胶包好后在 4 ℃下保存，一般可保存 2～5 d。

■ 琼脂糖凝胶浓度与线形 DNA 的最佳分辨范围：

琼脂糖浓度	最佳线形 DNA 分辨范围/bp
0.5%	1000～30 000
0.7%	800～12 000
1.0%	500～10 000
1.2%	400～7000
1.5%	200～3000
2.0%	50～2000

12. 6×Loading Buffer (DNA 电泳用)

■ 组分浓度：

试剂	组分浓度
EDTA	30 mmol/L
丙三醇	36%（体积分数）
二甲苯腈蓝	0.05%（质量浓度）
溴酚蓝	0.05%（质量浓度）

■ 配制量：500 mL

■ 配制方法：

（1）称量下列试剂，置于 500 mL 烧杯中。

试剂	所需用量
EDTA	4.4 g
溴酚蓝	250 mg
二甲苯腈蓝	250 mg

（2）向烧杯中加入约 200 mL 的去离子水后，加热搅拌充分溶解。

（3）加入 180 mL 的甘油后，使用 2 mol/L NaOH 调节 pH 至 7.0。

（4）用去离子水定容至 500 mL 后，室温保存。

13. 10×Loading Buffer（RNA 电泳用）

■ 组分浓度：

试剂	组分浓度
EDTA	10 mmol/L
丙三醇	50%（体积分数）
二甲苯腈蓝	0.25%（质量浓度）
溴酚蓝	0.25%（质量浓度）

■ 配制量：10 mL

■ 配制方法：

（1）称量下列试剂，置于 10 mL 离心管中。

试剂	所需用量
0.5 mol/L EDTA（pH 8.0）	200 μL
溴酚蓝	25 mg
二甲苯腈蓝	25 mg

（2）向离心管中加入约 4 mL 去离子水后，充分搅拌溶解。

（3）加入 5 mL 的甘油后，充分混匀。

（4）用去离子水定容至 10 mL 后，室温保存。

附录三 实验室中常用酸碱的相对密度和浓度

名称	分子式	分子量	相对密度	质量分数/%	物质的量浓度/(mol/L)（粗略）	配 1 L 1 mol/L 溶液所需体积数/mL
盐酸	HCl	36.47	1.19	37.2	12.0	84
			1.18	35.4	11.8	86.2
			1.05	10.0	2.9	344.8
硫酸	H_2SO_4	98.09	1.84	95.3	36.0	55.6
硝酸	HNO_3	63.02	1.42	70.98	16.0	62.5
			1.40	65.3	14.5	67.1
			1.370	61.0	13.3	75.2
冰乙酸	CH_3COOH	60.05	1.050	99.5	17.4	57.5
乙酸	CH_3COOH	60.05	1.045	36	6.0	159.5
磷酸	H_3PO_4	98.0	1.70	85.0	18.1	55.2
氨水	NH_4OH	30.05	0.904	27.0	14.3	70
氢氧化钠	NaOH	40.0	1.53	50.0	19.1	52.4
			1.11	10.0	2.75	363.4
氢氧化钾	KaOH	56.1	1.52	50.0	13.5	74.1
			1.09	10.0	1.94	515.5

附录四 部分生化与分子生物学实验仪器的操作规程

1. 722 型分光光度计操作规程

（1）将灵敏度旋钮调至“1”档（放大倍率最小）。

（2）开启电源，指标灯亮，选择开关置于“T”。

（3）打开试样室盖（光门自动关闭），调节“0%T”旋钮，使数字显示为“000.0”。

（4）将装有溶液的比色皿放置比色架中。

（5）旋动仪器波长手轮，把测试所需的波长调节至刻度线处。

（6）盖上样品室盖，将参比溶液比色皿置于光路，调节透过率“100”旋钮，使数字显示为“100%T”[如果显示不到“100%T”，则可适当增加灵敏度的挡数，同时应重复“(3)”，调整仪器的“000.0”]。

（7）将被测溶液置于光路中，数字表上直接读出被测溶液的透过率（T）值。

（8）吸光度 A 的测量，参照“(3)”“(6)”调整仪器的“000.0”和“100.0”，

将选择开关置于“A”，旋动吸光度调零旋钮，使得数字显示为“0.000”，然后移入被测溶液，显示值即为试样的吸光度 A 值。

（9）浓度 c 的测量，选择开关由“A”旋至“C”，将已标定浓度的溶液移入光路，调节浓度旋钮，使得数字显示为标定值，将被测溶液移入光路，即可读出相应的浓度值。

2. 753 型（53WB）紫外-可见分光光度计操作规程

（1）向右推开试样室盖，开显示箱电源开关，波段选择开关置于“T”，调节“0%T”旋钮，使显示器为“0.000”（53WB 型如显示“P1”，即“T”未调 0）。

（2）光源电气箱电源开关向上，指示灯亮，钨灯开关向上，指示灯亮，钨灯亮。氘灯开关向上，指示灯亮，点燃开关向下 2～3 s 后迅速拨向上，指示灯亮，氘灯点燃。

（3）用波长手轮选择波长，到位时的手轮旋转方向要固定，使用波长在 200～350 nm 范围内，将光源转换手柄置于“氘灯”处，在 350～800 nm 范围内，将手柄置于“钨灯”处。

（4）检查“T”到“A”转换的精度：将波段选择开关置于“T”，池架第一孔置于光路，调节“100→0”旋钮，使显示为“1.000”；53WB 型如显示“P2”表示参比未调至 100%。开关置于“A”应显示“0.000”，若有偏差用小改锥调节侧面“0A”。同理将“T”调到“0.100”，“A”应显示为“1.000”，若有偏差调节“1A”。再检查 $T = 0.500$ 时，应有 $A = 0.301$。

（5）狭缝尽可能选用 2 nm，或者用 4 nm。

（6）向右推开试样室盖，放入待测的参比杯和样品杯，参比杯必须放在池架的第一孔内。再将盖向左推回，用拉杆将参比液推入光路，波段选择开关置于“A”，调节“100→0”旋钮。使显示值为“0.000”，用拉杆将样品液推入光路，显示值即为被测样品的吸光度 A。

3. 恒流泵操作规程

仪器的面板上有四只开关：电源、快慢、加速、逆顺和一个流量选择旋钮，仪器的使用简介如下：

（1）接通电源，指示灯亮，调节流量选择旋钮，使用快慢开关，观察仪器运转是否正常。

（2）流量由快慢开关（即×10、×1 档）和调速旋钮来控制，流量可在 2～600 mL/h 范围内连续可调。

（3）使用逆顺开关，可以改变流量方向，使加液改变为抽液、加压改变为抽压。

（4）调距板（即泵头后面的滑动板）的调节螺丝用于调节液体压力，调节时须注意不要拧得太紧，一般只要拧到有液体流动即可。

（5）加速（按钮）开关主要适用于在较慢转速时不改变原来流量清洗管道。

（6）根据需要可在橡胶管两端再接上其他管子，将液体输送到需要的地方。一般备有两种规格的管子，可根据流量需要选用。

（7）机器与自动部分收集器联用时，其电源受到自动部分收集器控制，机器单独使用时，将四芯插头改成二路电源插头即可。

4. PHS-2C 酸度计操作规程

（1）仪器的安装：将仪器机箱支架撑好，使仪器与水平成 30°。

（2）电极安装：把电极杆装在机箱上，如电极杆不够长可把接杆旋上，装上复合电极。

（3）pH 校正：

① 开启仪器电源开关。将仪器面板上的“选择”开关置“pH”档，“范围”开关置“6”档，“斜率”旋钮顺时针旋到底（“100%”处），“温度”旋钮旋至此标准缓冲溶液的温度。预热 30 min。

② 用蒸馏水将电极洗净以后，用滤纸吸干电极。将电极放入盛有已知 pH 的中性标准缓冲溶液的烧杯内。按下“读数”开关，调节“定位”旋钮。使仪器指示值位于此溶液温度下的标准 pH，在标定结束后，放开“读数”开关，使仪器置于准备状态。此时仪器指针在中间位置。

③ 根据所测溶液的酸碱性来选择 pH = 4 或 pH = 9 的标准缓冲溶液，调节“斜率”旋钮，使达到要求读数。

④ 重复③操作，直至指示值与标准缓冲溶液的 pH 相符或误差符合测量时的精度要求，则校正完毕。

⑤ 测量：“定位”“斜率”旋钮不动。将“温度”旋钮调至所测液温度值。放入电极，进行测量。

附录五　常用生化与分子生物学实验仪器的使用注意事项

1. 电子天平

（1）检查天平是否保持水平。

（2）按“>0/T<”键开机，显示全部字符后接着显示“0.0000 g”，空容器或称量纸置于秤盘上，按“>0/T<”键去皮回零。

（3）不准在秤盘上直接称试剂。

（4）称量完毕必须将天平复位，将天平内和台面清扫干净。

（5）关机时按住“Mode Off”键至显示“OFF”后松开。

2. 微波炉

（1）选择恰当的加热功率和时间。

（2）无托盘不能加热。

（3）不准空载加热。

（4）试样不能直接放在托盘上加热。

（5）不准加热密封容器。

（6）不要盖住通风孔。

（7）用毕擦净托盘。

（8）严禁放入金属容器加热。

3. 超声波清洗器

（1）槽内无水不准开机。

（2）被清洗物品必须放在铁丝网上。主机上不准洒上水。

（3）打开电源“低压”开关，必须预热3～5 min后，方可开“高压开关”。

（4）不可连续超声时间过长，槽内水温不可超过60 ℃。

4. 烘箱

（1）烘干用110 ℃，灭菌用180 ℃，不可超温，不要随意旋动温度设定旋钮。

（2）一般不要使用15 A的第3档升温。

（3）风机不要长时间运转，尽量用自然通风。

（4）烘箱不可开着过夜。

（5）放容器入内千万不可碰断水银温度计。

（6）门要关严。

（7）切断电源，冷却到40～50 ℃以下才能开启箱门，取出烘干物品。

5. 真空干燥箱

（1）不可抽大量有机溶剂，不可用于烘干大量水分。

（2）真空泵不能长时期工作，因此当真空度达到干燥物品要求时，应先关闭真空阀，再关闭真空泵电源，待真空度小于干燥物品要求时，再打开真空阀及真空泵电源，继续抽真空，这样可延长真空泵使用寿命。

（3）使用加热器时要检查是否能够恒温，防止温升过高。

（4）真空箱应经常保持清洁。箱门玻璃切忌用有反应的化学溶液擦拭，应用松软棉布擦拭。

6. 高速冷冻离心机

（1）未经过培训和考核者不能使用。

（2）选择合适的转头和转速，绝不可超速使用。

（3）选择合适的温度，通常4 ℃，除有机溶剂外不要低于0 ℃，以免冰冻，损坏离心管和转头。

（4）转头使用前必须用擦孔棒将管孔擦净，并仔细检查有无裂痕和孔底白斑。若有，转头报废。

（5）离心管内装载的溶液量必须合适，不锈钢管无盖，只能装2/3，塑料管可装至“肩”部。管盖必须盖严，绝不允许漏液。空管离心会使管变形。塑料管内使用有机溶剂必须符合规定。

（6）离心管必须成对或成“△”形放置，必须严格平衡，偏差＜0.1 g。

（7）不允许无转头空转，放取转头必须用手柄，以防转头滑落。转头要轻放、卡稳，旋下手柄时，要用手扶住手柄，只转转头。转头盖要盖严，无盖不准离心。

（8）离心时不准打开机盖，不准扒扶在离心机上，如有异常声音和振动时立即停机。

（9）转头使用后必须及时由转头室中取出、擦干，用擦孔棒将管孔仔细擦净。如有溶液溢出必须清洗干净，擦净转头室内凝水，开门晾干转头室。

（10）使用离心机必须预约，用后必须登记。

7. 普通离心机

（1）离心前必须仔细检查转头各孔内有无异物。

（2）离心管必须连管套一起平衡。

（3）机内若不清洁，离心管要用塑料薄膜封口。

（4）必须慢起动，然后加速。

（5）离心时不准开盖。

（6）不准用手刹车。

（7）台式离心机在运转时，不得移动离心机。

8. 分光光度计

（1）必须正确使用比色皿。

① 不可用手、滤纸、毛刷等摩擦透光面，只能用绸布和擦镜纸擦。

② 必须彻底洗净，塑料杯染了色，必须及时用乙醇荡洗，绝不可用乙醇、丙酮浸泡。

③ 杯内溶液不可盛得过满过少。

④ 拖动池架要轻，要到位。

⑤ 杯内废液要倒入废液瓶，绝不允许洒在地上。

⑥ 要区分参比杯和样品杯，不可随意互换。

⑦ 石英杯不准放在台面上。只准放在仪器内或盒内，以防打破。

⑧ 比色杯必须配套使用，否则将使测试结果失去意义。在进行每次测试前均应进行比较配套。具体方法如下：分别向被测的两只杯子里注入同样的溶液，把仪器置于某一波长处，石英比色杯，220 nm 或 700 nm 装蒸馏水；玻璃比色杯，

700 nm 处装蒸馏水，将某一个池的透射比值调至“100%”，测量其他各池的透射比值，记录其示值之差及通光方向，如透射比之差在±0.5%的范围内则可以配套使用。

（2）光源的反光镜拨杆要放置正确、到位。

（3）仪器使用完毕必须及时关闭全部电源，要节约氘灯的使用。

9. 自动部分收集器

（1）试管盘子绝不能互换。

（2）所有的螺丝要拧紧，电线不要妨碍换管。

（3）试管要轻放，检查有无漏液。

（4）必须换到第 1 号管位置从头开始收集，要检查换管是否对正。

（5）BS 型拨到“自动”时不可旋转定时旋钮。

（6）BS 型定时旋钮的锁紧螺丝不可拧得过松，否则螺母会脱落。

（7）数显收集器开始自动收集前要使用“秒”和“停”（或“置位”）按钮置“0”，改换收集时间后，要重新按“秒”和“停”（或“置位”）置“0”。

10. 恒流泵

（1）开泵时经常注意硅胶管是否完好，绝不可漏液。

（2）硅胶管要挤紧，但不可过紧。

（3）硅胶管入口一端要压紧，必要时包上橡皮膏。

（4）若发生漏液须立即清洗泵槽和轴套。

（5）长时间不用应取下硅胶管洗净备用，每次使用后须用水冲洗硅胶管。

11. 冰冻干燥机

（1）必须专人操作，未经允许不得开机。

（2）样品必须事先冰冻，冰冻的样品要尽量薄，增大表面积。

（3）温度达到−30 ℃以下方可放入样品，开启真空泵。

（4）开泵后必须确认抽真空正常方可离开。

（5）样品抽干后要及时取出。

（6）冰层太厚，真空度＞300 mTorr 则应除霜。

（7）压缩机不准频繁启动。

12. 核酸蛋白检测仪

（1）开机后先调仪器零点，灵敏度选择旋钮置于“T”挡，用光量旋钮调记录笔至满刻度，灵敏度选择旋钮再置于“A”挡，记录笔应回到零位，用吸光度旋钮调记录笔至距零位端线两小格处，走基线 0.5 h 以上，记录笔不要置于记录纸端线上。

（2）连接溶液管路时注意进口在下，出口在上，需赶尽气泡。

（3）注意检测仪的输出是 10 mV 还是 100 mV，8823A 型（北京新技术所）

是 100 mV。

（4）记录仪走纸速度只选用 2 cm/h 和 6 cm/h 两档即可（3057 记录仪）。不用时抬笔。

13. 气浴恒温振荡器

（1）仪器外壳应妥善接地，以免发生意外。

（2）严禁各种溶液进入工作室内，以免损坏主机。

14. 磁力搅拌器

（1）调速时应由低速逐步调至高速，不要高速挡直接启动，以免搅拌子不同步，引起跳动。

（2）不搅拌时不能加热，不工作时应切断电源。

（3）搅拌时如果发现搅拌子跳动或不搅拌，请检查一下烧杯是否平稳，位置是否水平。

（4）中速运转可延长搅拌器的使用寿命。

15. 玛瑙研钵

（1）不能研磨硬度过大的物质，不能与氢氟酸接触。

（2）研钵应放在不易滑动的物体上，研杵应保持垂直。大块的固体只能压碎，不能用研杵捣碎，否则会损坏研钵、研杵或将固体溅出。易爆物质只能轻轻压碎，不能研磨。研磨对皮肤有腐蚀性的物质时，应在研钵上盖上厚纸片或塑料片，然后在其中央开孔，插入研杵后再行研磨，研钵中盛放固体的量不得超过其容积的 1/3。

（3）研钵不能进行加热，切勿放入电烘箱中干燥。

（4）洗涤研钵时，应先用水冲洗，耐酸腐蚀的研钵可用稀盐酸洗涤。研钵上附着难洗涤的物质时，可向其中放入少量食盐，研磨后再进行洗涤。

16. 高压蒸汽灭菌锅

（1）加足水，水位不能低于电热管。

（2）灭菌开始前排净冷空气。

（3）灭菌终了，缓慢降压回零。

（4）灭菌结束，趁热取出物品。

17. 酸度计

（1）复合电极的敏感玻璃泡不能与硬物接触，任何破损都会使电极失效。

（2）应合理使用分档开关。

（3）调节“温度”旋钮不能用力过大。

（4）复合电极不用时应将电极保护帽套上，帽内应放少量补充液，以保持电极球泡的湿润。

18. 红外光谱仪

（1）压片时取用的供试品量一般为 1～2 mg，因不可能用天平称量后加入，并且每种样品对红外光的吸收程度不一致，故常凭经验取用。一般要求所得的光谱图中绝大多数吸收峰处于 10%～80%透光率范围内。最强吸收峰的透光率如太大（如大于 30%），则说明取样量太少；相反，如最强吸收峰透光率接近 0%，且为平头峰，则说明取样量太多，此时应调整取样量后重新测定。

（2）压片时 KBr 的取用量一般为 200 mg 左右，应根据制片后的片子厚度来控制 KBr 的量，一般片子厚度应在 0.5 mm 以下，厚度大于 0.5 mm 时，常可在光谱上观察到干涉条纹，对供试品光谱产生干扰。

参考文献

[1] 毕富勇. 生物化学及分子生物学实验教程[M]. 合肥：安徽科学技术出版社，2003.

[2] 陈钧辉，张冬梅. 普通生物化学[M]：5 版. 北京：高等教育出版社，2015.

[3] 董晓燕. 生物化学实验[M]. 北京：化学工业出版社，2003.

[4] 黄德娟，徐晓辉. 生物化学实验教程[M]. 上海：华东理工大学出版社，2007.

[5] 何幼鸾，汤文浩. 生物化学实验[M]. 武汉：华中师范大学出版社，2006.

[6] 李俊，张冬梅，陈钧辉. 生物化学实验指导[M]：6 版. 北京：科学出版社，2020.

[7] 王冬梅，吕淑霞，王金胜. 生物化学实验指导[M]. 北京：科学出版社，2020.

[8] 王琰，钱士匀. 生物化学和临床生物化学检验实验教程[M]. 北京：清华大学出版社，2005.

[9] 魏群. 分子生物学实验指导[M]：4 版. 北京：高等教育出版社，2021.

[10] 武金霞. 生物化学实验教程[M]. 北京：科学出版社，2017.

[11] 吴士良，钱晖，周亚军. 生物化学与分子生物学实验教程[M]. 北京：科学出版社，2004.

[12] 杨荣武. 分子生物学[M]：2 版. 南京：南京大学出版社，2017.

[13] 叶棋浓. 现代分子生物学技术与实验技巧[M]. 北京：化学工业出版社，2015.

[14] 袁榴娣. 高级生物化学与分子生物学实验教程[M]. 南京：东南大学出版社，2006.

[15] 张龙翔，张庭芳，李令媛. 生化实验方法和技术[M]：2 版. 北京：高等教育出版社，1997.

[16] 朱圣庚，徐长法. 生物化学[M]：4 版. 北京：高等教育出版社，2017.

[17] Boyer R F. Biochemistry Laboratory: Modern Theory and Techniques[M]：2nd ed. Englewood: Prentice Hall, 2011.

[18] Boyer R F. Modern Experimental Biochemistry[M]：3th ed. New York: Benjiamin Cunnings, 2000.

[19] Brownie A C, Kernphan J C. 医学生物化学[M]：2 版. 北京：北京大学医学出版社，2005.

[20] Ferrier D R. Lippincott Illustrated Reviews: Biochemistry[M]: 7th ed. Philadelphia: Wolters Kluwer Health, 2017.

[21] Hooper N M, Houghton J D. 生物化学[M]. 北京：高等教育出版社，2001.

[22] Voet D, Voet J G, Pran C W. Fundamentals of Biochemistry: Life at the Molecular Level [M]：5th ed. Hoboken, NJ: John Wiley & Sons, 2016.

